数学实验

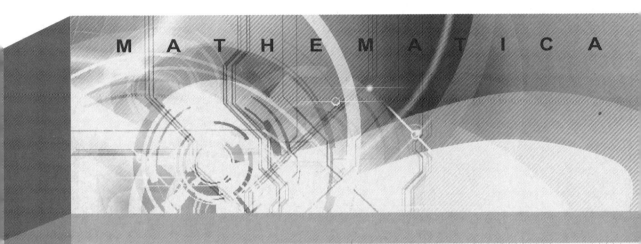

MATHEMATICA

主　编　孙旭东　干国胜

副主编　李　波　刘学才　占晓军　张　洋

U0250324

WUHAN UNIVERSITY PRESS

武汉大学出版社

图书在版编目(CIP)数据

数学实验/孙旭东,干国胜主编.—武汉:武汉大学出版社,2019.8
ISBN 978-7-307-21049-3

Ⅰ.数⋯　Ⅱ.①孙⋯　②干⋯　Ⅲ.高等数学—实验　Ⅳ.O13-33

中国版本图书馆 CIP 数据核字(2019)第 148235 号

责任编辑:杨晓露　　　责任校对:汪欣怡　　　版式设计:马　佳

出版发行:**武汉大学出版社**　　(430072　武昌　珞珈山)
　　　　　(电子邮箱:cbs22@whu.edu.cn 网址:www.wdp.com.cn)
印刷:湖北民政印刷厂
开本:787×1092　1/16　印张:11.25　字数:267 千字　　插页:1
版次:2019 年 8 月第 1 版　　2019 年 8 月第 1 次印刷
ISBN 978-7-307-21049-3　　定价:36.00 元

前　言

在知识经济时代，数学知识和数学应用知识都不可或缺。数学被广泛应用到各行各业，经济学家、地质学家、工程师、生物学家等都可能运用数学知识进行数模和模拟。作为生活在一个比以前更加趋向于数学化、数量化的数形世界中的人们，而学生却正逐渐丧失对数学学习的兴趣。究其原因，其一是学生几乎花了八成的时间用于数字计算，然而数学不等于计算，数学是一门远远比计算更为广泛的学科；其二是缺少图形和可视化，而缺少图形和可视化将使学习微积分的学生在理解数学概念方面遇到困难。

Mathematica 是一款科学计算软件，界面美观友好，其图形和可视化是它的重要功能之一；它还具有强大的数值计算和符号计算能力，支持相当多的编程范式、过程式、函数式、元编程等，能使学生在学习数学的过程中潜移默化地掌握计算思维。

微积分是人类文明发展史上理性智慧的精华，自其诞生后的三百多年来，每一世纪都证明了微积分在阐明和解决来自数学、物理学、工程科学以及经济学、管理科学、社会学和生物科学各领域问题中的强大威力。正因为如此，微积分成为培养人才重要的必须掌握的内容。

本书的特色是：第一，突出以计算思维解决数学问题导向，因为计算思维将是未来的一个标志性特征，也是未来职业成功的关键。第二，用图形、可视化和数值化化解学生学习抽象数学概念的困惑。第三，让学生从繁琐的计算中解脱出来，学生能潜心探究如何用数学来解决现实生活中的问题，并亲手实践数学，感受数学之美。

此外，书末附录中的 Mathematica 操作命令一览表，可供学生学习时查阅、参考，更多的命令或命令详细说明可查阅软件的系统帮助。

全书由孙旭东、干国胜担任主编，参加本书编写的还有李波、张洋、占晓军、陈巧灵、刘学才、姜秋明、黄琳、刘奇志、王妍婷、杜军等。其中，孙旭东主要负责本书第1~4章的编写工作，第5~7章及附录由干国胜编写，其余人完成了对本书的修订工作。

本书的编写得到了武汉城市职业学院、湖北工业职业技术学院、华中师范大学等多所学校的大力支持与帮助，武汉大学出版社对本书的顺利出版提供了很多支持，在此一并表示衷心的感谢。

由于时间仓促，编者水平有限，书中难免有不足之处，热忱希望有关专家、读者批评指正！

目　　录

第1章 函数与极限

1.1 Mathematica 简介

1.1.1 Mathematica 入门

Mathematica 是一款科学计算软件，它是由美国 Wolfram 公司研究开发的，其语法规则简单，操作语言与人们的日常语言非常接近，该软件很好地结合了数值和符号计算引擎、图形系统、编程语言、文本系统以及与其他应用程序的高级连接. 它也是目前使用最广泛的数学软件之一，除数值计算外，由于 Mathematica 能给出问题的解析符号解，从而使得用户能用该软件方便地处理微积分、微分方程、线性代数和规划优化等各类问题. Mathematica 软件已在工程、科研、教学等各个领域被广泛使用.

Mathematica 的启动和运行方式如下：

双击 Wolfram 系统图标（或开始菜单），启动 Wolfram 系统，在屏幕上显示的是 Mathematica 笔记本窗口，开始使用图形界面，系统暂时取名"未命名-1"，直到用户保存时重新命名为止.

第一次启动 Wolfram 语言时，它会显示一个空的带有闪烁光标的笔记本. 用户可以开始文字输入了，Wolfram 语言会自动诠释用户的文字输入. 在笔记本中输入 Wolfram 语言命令，然后按下 $\boxed{\text{SHIFT}}$ + $\boxed{\text{ENTER}}$ 键使 Wolfram 语言处理用户的输入. 用户可以使用图形界面的标准编辑特点输入一行或多行命令. 按下 $\boxed{\text{SHIFT}}$ + $\boxed{\text{ENTER}}$ 键"告诉"Wolfram 语言已输入完毕. 如果用户的键盘有数字键盘，也可以使用小键盘的 ENTER 键.

Wolfram 语言处理输入后，将用"In[n]:="标记输入，并用"Out[n]="标记输出. 标签是自动添加的.

首先输入"2+3"，然后按下 $\boxed{\text{SHIFT}}$ + $\boxed{\text{ENTER}}$ 键或按右边小键盘的 $\boxed{\text{ENTER}}$ 键，这时系统开始计算并输出计算结果，并给输入和输出附上次序标识 In[1]和 Out[1]，注意 In[1]和 Out[1]是计算后才出现的；再输入第二个表达式，要求系统在区间[0，2π]上画出函数 $y = \sin x + \cos 3x$ 的图形，按 $\boxed{\text{SHIFT}}$ + $\boxed{\text{ENTER}}$ 键输出计算结果后，系统分别将其标识为 In[2]和 Out[2]，每次执行完计算（或操作）以后，建议栏会提供下一步计算（或操作）的建议，如图 1-1 所示.

在 Mathematica 的笔记本窗口，可以用这种交互方式完成各种运算，如函数作图、求极限、解方程等，在数学运算中可以使用标准符号，用小括号（不是中括号或大括号）显

1

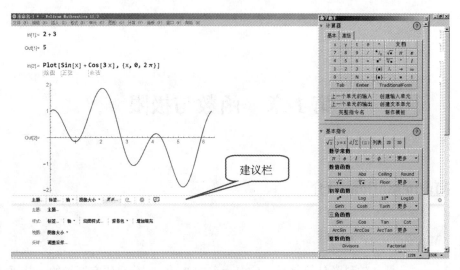

图 1-1

示不同层次的组合，用逗号分隔内置函数的参数，并将其置于方括号内.

必须注意的是：①Mathematica 严格区分大小写，一般地，内建函数的首写字母必须大写，有时一个函数名是由几个单词构成的，则每个单词的首写字母也必须大写，如：求局部极小值函数 FindMinimum$[f[x]$，$\{x, x_0\}]$ 等. ②在 Mathematica 中，函数名和自变量之间的分隔符是用方括号"$[\ ]$"，而不是一般数学书上用的圆括号"$(\ )$".

完成各种计算后，点击"文件"→"退出"退出系统，如果文件未存盘，系统提示用户存盘，文件名以".nb"作为后缀，称为笔记本文件. 以后想使用本次保存的结果时可以通过"文件"→"打开"菜单读入，也可以直接双击它，系统自动调用 Mathematica 将它打开.

1.1.2 Mathematica 界面简介

本书使用 Mathematica11.3 简体中文版，图 1-2 所示界面由笔记本界面、数学助手面板和主菜单组成.

1. 笔记本界面

在图 1-2 中，从简单计算到完整的排版文档和高级的动态界面，以及与 Wolfram 系统的标准交互界面，这一切都可以在该界面中完成. 该系统详细设计了类似文字处理的过程，是一个强大的计算文档，它支持动态计算、任意的动态界面、完整的排版输入、图像输入、自动代码注释，是一个完整的高级程序界面，通过数千个精心组织的函数和选项来实现.

2. 数学助手面板

该面板从主菜单中的"面板"菜单中调出，由一系列分组集成的按钮组成. 用鼠标单击一个按钮，就可以将它表示的符号输入当前的用户窗口中. 该面板的基本指令集中，包括"数学常数和函数""代数指令""微积分指令""矩阵指令""表格、列表和向量指令""2D 绘

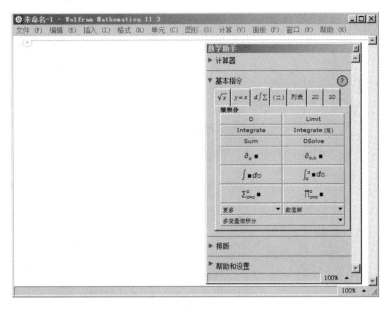

图 1-2

图指令"和"3D 绘图指令"，这些指令在高等数学学习和实验中会经常用到. 利用面板输入，为输入提供了很大的便利.

3. 主菜单

位于图 1-2 上方的是主菜单. 主菜单共 10 项，这里只介绍一些实用的菜单项.

1)"文件"菜单

单击主菜单中的"文件"菜单项，打开"新建"菜单项，再单击"笔记本"菜单项，新建一个用户窗口，如图 1-3 所示.

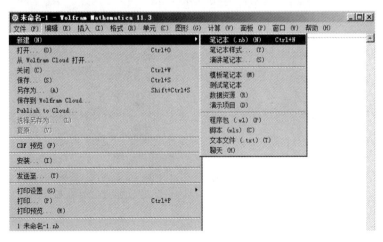

图 1-3

2) "面板" 菜单

单击主菜单中的 "面板" 菜单项, 再单击 "数学助手" 菜单项, 打开 "数学助手" 面板, 如图 1-4 所示.

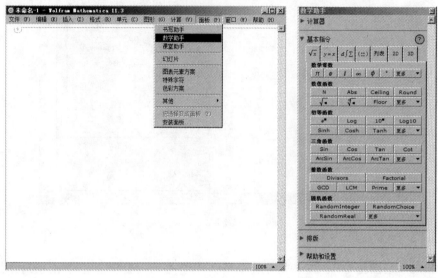

图 1-4

3) "帮助" 菜单

单击主菜单中的 "帮助" 菜单项, 再单击 "Wolfram 参考资料" 菜单项 (图 1-5) 或者按 F1 键, 打开 "Wolfram 语言与系统参考资料中心" 首页, 用户可以从参考资料中探索全部的函数, 该语言有 5000 多个内置函数, 如图 1-6 所示.

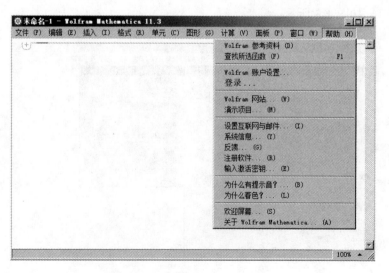

图 1-5

图 1-6

1.2 Mathematica 在初等数学中的应用

1.2.1 Mathematica 的基本运算

例 1.2.1 计算 $5^2 \times 2 - 10 \div (8-3)$.

解：$In[1] := 5^2 \times 2 - 10/(8-3)$

$Out[1] = 48$

说明：（1）乘法还可以用" $*$ "和空格表示，如 $2 \times 3 = 2 * 3 = 2\ 3 = 6$.

（2）乘方还可以用" $\wedge$ "表示，如 $5^2 = 5\wedge 2$.

例 1.2.2 求 π^2 的近似值（保留 6 位有效数字）.

解：$In[1] := N[\pi\wedge 2, 6]$

$Out[1] = 9.86960$

说明：（1）$N[\ ]$ 在 Mathematica 中表示近似运算，$N[\ ]$ 的语法格式及意义如下：

$N[\text{表达式}]$ 　　　　　可求 5 位有效数字的近似值；

$N[\text{表达式}, n]$ 　　　　可求 n 位有效数字的近似值.

（2）Mathematica 中定义了一些常见的数学常数，这些数学常数都是精确数，表示的意义如下：

Pi 　　　　　　　　表示 $\pi = 3.14159\cdots$

5

E	自然对数的底 e = 2.71828…
Degree	1 度，$\pi/180$ 弧度.
I	虚数单位 i.
Infinity	无穷大 ∞.
−Infinity	负无穷大 $-\infty$.

例 1.2.3 计算多项式 $3x^2-5x-2$ 和 x^2-4 的和、差、积、商.

解：In[1]:=$(3x^2-5x-2)+(x^2-4)$
$$(3x^2-5x-2)-(x^2-4)$$
$$(3x^2-5x-2)\times(x^2-4)$$
$$(3x^2-5x-2)/(x^2-4)$$

Out[1] = $-6-5\ x+4\ x^2$

Out[2] = $2-5\ x+2\ x^2$

Out[3] = $(-4+x^2)(-2-5\ x+3\ x^2)$

Out[4] = $\dfrac{-2-5x+x^2}{-4+x^2}$

说明：Mathematica 提供一组按不同形式表示代数式的函数，其命令的语法格式及意义：

化简：	Simplify[expr]	把表达式 expr 化为最简形式.
展开：	Expand[expr]	用来展开表达式 expr 中的乘积和正整数幂.
因式分解：	Factor[poly]	在整数上对一个多项式 poly 分解因式.
合并同类项：	Collect[expr,x]	把匹配 x 的对象的相同幂的项组合到一起.
解方程：	Solve[expr,vars]	求解以 vars 为变量的方程组或不等式组 expr.
约化：	Reduce[expr,vars]	求解关于 vars 的方程和不等式以及消除量词来约化表达式 expr.
分解分式：	Apart[expr]	把一个有理式 expr 分解为最简分式的和.

例 1.2.4 展开多项式 $(-4+x^2)(-2-5x+3x^2)$.

解：In[1]:= Expand[$(-4+x^2)(-2-5x+3x^2)$]

Out[1] = $8+20\ x-14\ x^2-5\ x^3+3\ x^4$

例 1.2.5 对多项式 $3x^2-5x-2$ 因式分解.

解：In[1]:=Factor[$3\ x^2-5x-2$]

Out[1] =$(-2+x)(1+3x)$

例 1.2.6 解方程(组)和不等式.

(1) $x^2+ax+1=0$； (2) $\begin{cases} ax+y=7, \\ bx-y=1; \end{cases}$ (3) $x^2-7x-8<0$.

解：(1) In[1]:= Solve[x^2+a x+1==0,x]

Out[1] = $\{\{x\rightarrow\frac{1}{2}(-a-\sqrt{-4+a^2})\},\{x\rightarrow\frac{1}{2}(-a+\sqrt{-4+a^2})\}\}$

(2) In[2]:= Solve[{a x+y==7,b x−y==1},{x,y}]

$$Out[2] = \{\{x \to \frac{8}{a+b}, y \to -\frac{a-7b}{a+b}\}\}$$

(3) $In[3] := Reduce[x^2 - 7x - 8 < 0, x]$

$Out[3] = -1 < x < 8$

说明：输入方程时必须用"＝＝"代替"＝".

例 1.2.7 把 $\dfrac{x+3}{x^2-5x+6}$ 分解为最简分式的和.

解：$In[1] := Apart[\dfrac{x+3}{x^2-5x+6}, x]$

$$Out[1] = \frac{6}{-3+x} - \frac{5}{-2+x}$$

1.2.2 函数图形与性质

1. 定义的函数

定义函数命令的语法格式及意义：

f[x_]＝expr　函数名为 f，自变量为 x，expr 是表达式. 在执行时会把 expr 中的 x 都换为 f 的自变量 x(不是 x_).

例 1.2.8 定义 $f(x) = 3x^2 - 5x - 2$，计算 $f(3)$ 和 $f\left(\dfrac{1}{3}\right)$.

解：$In[1] := f[x_] = -2 - 5x + 3 x^2$

$Out[1] = -2 - 5 x + 3 x^2$

$In[2] := f[x]/.x \to 3$

$Out[2] = 10$

$In[3] := f[\dfrac{1}{3}]$

$Out[3] = -\dfrac{10}{3}$

说明：(1) f[x]/. x→x₀ 或 f[x₀] 表示变量替换运算，即用 x_0 替换 $f(x)$ 中的 x.

(2) 当用户使用完一个定义函数时，最好清除该函数定义. 否则，当在同一 Mathematica 进程的后面使用同名函数，但用于不同的目的时，将会遇到麻烦. 用户可以用 Clear[f] 清除 f 函数或符号的所有定义.

1)求函数的定义域、值域

(1)求函数的定义域，其命令的语法格式及意义：

FunctionDomain[f, x]　　　　　求变量为 x 的实函数 f 的最大定义域.

(2)求函数的值域，其命令的语法格式及意义：

FunctionRange[f, x, y]　　　　求变量为 x 的实函数 f 的值域，结果以 y 的形式返回.

(3)绘制数轴图，其命令的语法格式及意义：

7

NumberLinePlot[pred,x]　　　绘制数轴图来表明区域 pred.

例 1.2.9　求函数 $y = \dfrac{\sqrt{3-x}}{2-x}$ 定义域，并绘制定义域数轴图.

解：In[1]:=FunctionDomain$\left[\dfrac{\sqrt{3-x}}{2-x}, x\right]$

　　　　　　NumberLinePlot[%,x,AxesStyle→Arrowheads[0.05]]

Out[1]= x<2 ‖ 2<x≤3

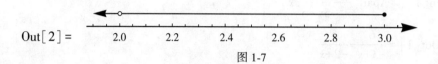

Out[2]=

图 1-7

定义域数轴图如图 1-7 所示.

说明：Out[1]后面的"‖"表示逻辑"或".

例 1.2.10　求函数 $y = \dfrac{x}{1+x^2}$ 的值域.

解：In[1]:=FunctionRange$\left[\dfrac{x}{1+x^2}, x, y\right]$

Out[1]=$-\dfrac{1}{2}≤y≤\dfrac{1}{2}$

2）构造函数

例 1.2.11　已知 $f(x) = x-1$，$g(x) = x^2$，求

(1) $f[g(x)]$、$g[f(x)]$；(2) $g(\sin x)$；(3) $2[f(x)]^2 \cdot g(x) - x^4$.

解：In[1]:=f[x_]=x-1

　　　　　　g[x_]=x^2

Out[1]=-1+x

Out[2]=x^2

(1)In[3]:=f[g[x]]

　　　　　　g[f[x]]

Out[3]=-1+x^2

Out[4]=(-1+x)^2

(2)In[5]:=g[Sin[x]]

Out[5]=Sin[x]^2

(3)In[6]:=2 (f[x])^2 * g[x]-x^4

Out[6]=2 (-1+x)^{2}x^2-x^4

In[7]:=Expand[2 (-1+x)^{2}x^2-x^4]

Out[7]=2 x^2-4 x^3+x^4

3）反函数

（1）求反函数，其命令的语法格式及意义：

InverseFunction[f][x]　　　表示纯函数 f 的反函数，x 为反函数自变量.

（2）纯函数是一种没有函数名字的函数，其命令的语法格式及意义：

Function[自变量,函数表达式]　　　纯函数常常用缩略式表示，其中，用 & 代表 Function，用#代表自变量.

例 1.2.12　已知 $f(x)=\ln x$，求：（1）给出 $f(x)$ 的纯函数；（2）$f(x)$ 的反函数；（3）画出原函数和反函数的图形.

解：In[1]：=f=Log[#]&;InverseFunction[f][x]

Out[1]=e^x

In[2]：=Plot[{ Log[x],e^x,x },{ x,-2.,2. },PlotRange→2,AxesStyle→Arrowheads[0.04]]

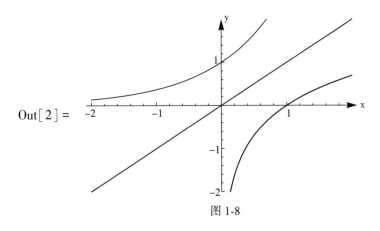

图 1-8

原函数和反函数的图形如图 1-8 所示.

例 1.2.13　已知 $f(x)=y=\dfrac{x+1}{x-1}$，求 $f^{-1}(x)$.

解：In[1]：=InverseFunction[$\dfrac{a\#+b}{c\#+d}$&][x]

Out[1]=$\dfrac{-b+d\ x}{a-c\ x}$

2. 用 Mathematica 作平面曲线

1）作函数 $y=f(x)$ 的图形

在区间 $x\in(a,b)$ 范围作函数 $y=f(x)$ 的图形的语法格式：

$$\text{Plot}[f(x),\{ x,a,b \}]$$

例 1.2.14　作出函数 $y=\sin x+\cos 3x$ 在区间 $x\in[0,2\pi]$ 上的图形.

解：In[1]：=Plot[Sin[x]+Cos[3x],{ x,-3π,4π },AxesStyle→Arrowheads[0.05]]

9

Out[1] =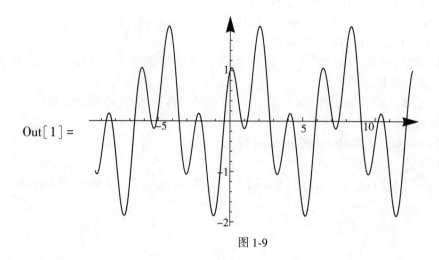

图 1-9

函数在区间 $x \in [0, 2\pi]$ 上的图形如图 1-9 所示.

用传统刻度作所给函数的图形:

In[2] := Plot[Sin[x]+Cos[3x], {x,-3π,4π}, Ticks→
　　　　　{Table[i, {i,-3π,4π,π}], {-2,-1,0,1,2}}, AxesStyle→Arrowheads[0.05]]

Out[2] =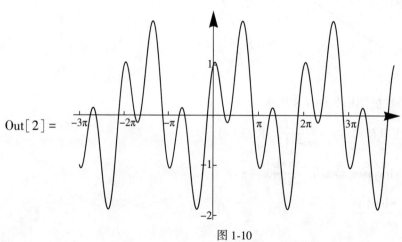

图 1-10

用传统刻度作所给函数图形如图 1-10 所示.

说明: In[2] 中调用了 Ticks 参数和后面要介绍的 Table 命令函数.

2) 作曲线 $F(x, y) = 0$ 的图形.

在 $x \in (a, b)$ 和 $y \in (c, d)$ 范围作曲线 $F(x, y) = 0$ 的图形的语法:

$$\text{ContourPlot}[F(x,y) == 0, \{x,a,b\}, \{y,c,d\}]$$

例 1. 2. 15　画单位圆: $x^2 + y^2 = 1$, 其中 $x \in (-1, 1)$, $y \in (-1, 1)$.

解: In[1] := ContourPlot[x²+y² == 1, {x,-1,1}, {y,-1,1},

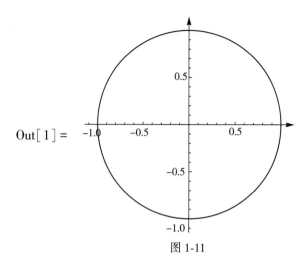

$\text{Out}[1] =$

图 1-11

单位圆如图 1-11 所示.

3）作参数方程的图形

作参数方程的图形，其命令的语法格式及意义：

ParametricPlot[{fx,fy},{u,u$_{min}$,u$_{max}$}]　　表示产生一个 x 和 y 坐标的参数方程的图形，其中 f_x 和 f_y 作为 u 的函数产生.

例 1.2.16 　画参数方程 $\begin{cases} x = \sin t, \\ y = \sin 2t \end{cases}$ 的曲线.

解：In[1]:=ParametricPlot[{Sin[t],Sin[2t]},{t,0,2Pi}]

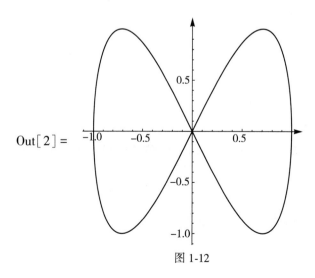

$\text{Out}[2] =$

图 1-12

参数方程曲线如图 1-12 所示.

11

4）作极坐标方程的图形

作极坐标方程的图形，其命令的语法格式及意义：

PolarPlot[{ρ, {θ, θ$_{min}$, θ$_{max}$} }]　　表示产生一个半径为 ρ 的曲线极坐标图，作为角度 θ 的函数.

例 1. 2. 17　画心形线：$r = 2(1 + \cos t)$，$t \in [-\pi, \ \pi]$.

解：In[1] := PolarPlot[2(1 + Cos[t]), {t, -π, π}, AxesStyle→Arrowheads[0. 04]]

Out[1] =

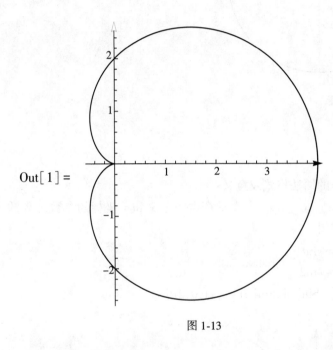

图 1-13

心形线如图 1-13 所示.

5）作散点图

作散点图，其命令的语法格式及意义：

DiscretePlot[expr, {n, n$_{max}$}]　　表示产生表达式 expr 的值的图形，其中 n 从 1 变化到 n$_{max}$.

例 1. 2. 18　作数列 $\left\{ 0.4 + \dfrac{(-1)^n}{n} \right\}$ 的前 30 项的图形.

解：In[1] := DiscretePlot[0. 4 + $\dfrac{(-1)^n}{n}$, {n, 1, 30}]

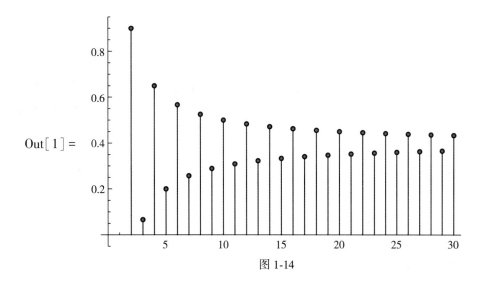

图 1-14

数列前 30 项的图形如图 1-14 所示.

6)作平面区域

作平面区域，其命令的语法格式及意义：

RegionPlot[pred, {x, x_{min}, x_{max}}, {y, y_{min}, y_{max}}]　　表示画图显示 pred 是 True 的区域.

例 1.2.19　　画出由抛物线 $y^2 = x$ 与 $y = x^3$ 所围成的图形.

解：In[1]: = RegionPlot[$x^3 < y < \sqrt{x}$, {x, 0, 1}, {y, 0, 1}, Axes → True, AxesStyle → Arrowheads[0.05], Frame→False]

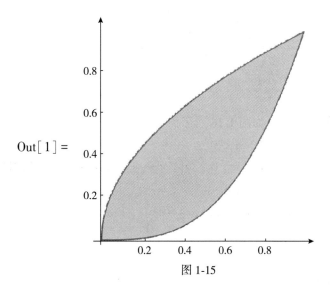

图 1-15

两抛物线所围成的图形如图 1-15 所示.

3. 分段函数

分段函数命令的语法格式及意义：

Piecewise[{ {val$_1$,cond$_1$} , {val$_2$,cond$_2$} , … }]　　　　在定义域内的条件 val$_i$ 值为 val$_i$.

Piecewise[{ {val$_1$,cond$_1$} , … } , val]　　　　　　　　如果没有条件 cond$_i$，则取默认值
　　　　　　　　　　　　　　　　　　　　　　　val. val 的默认值是 0.

例 1.2.20　定义分段函数 $y = \begin{cases} x^2, & x < 0, \\ 0, & x = 0, \\ x, & x > 0, \end{cases}$　并作出 $x \in (-2, 2)$ 的图形.

解：In[1] := f[x_] = Piecewise[{ {x^2,x<0} , {x,x>0} }]

$$Out[1] = \begin{cases} x^2 & x<0 \\ x & x>0 \\ 0 & True \end{cases}$$

In[2] := Plot[f[x] , {x,-2,2}]

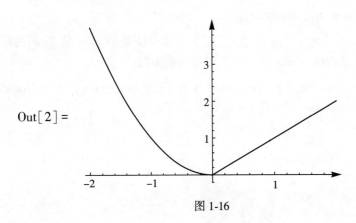

Out[2] =

图 1-16

分段函数在 $x \in (-2, 2)$ 范围的图形如图 1-16 所示.

例 1.2.21　定义分段函数 $f(x) = \begin{cases} x + 1, & x < 0, \\ 0.5, & x = 0, \\ x^2 - 1, & x > 0, \end{cases}$　并作出 $x \in (-1.5, 1.5)$ 的图形.

解：In[1] := f[x_] = Piecewise[{ {1+x,x<0} , {0.5,x = =0} } , -1+x^2]

$$Out[1] = \begin{cases} 1+x & x<0 \\ 0.5 & x = =0 \\ -1+x^2 & True \end{cases}$$

In[2] := Plot[f[x] , {x,-1.5,1.5} , Epilog→{PointSize[0.02] ,Point[{0,0.5}] ,
Table[{EdgeForm[Black] ,White,Disk[{0,i} ,0.03] } , {i,-1,1,2}] }]

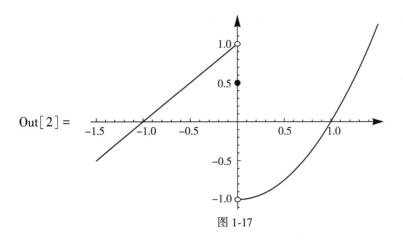

图 1-17

分段函数在 $x \in (-1.5, 1.5)$ 范围的图形如图 1-17 所示.

4. 函数的性质

1）利用函数图形研究函数性质

函数图形能让我们更直观地了解变量之间的关系，借助 Mathematica 的一些命令我们能更有效地获得函数的有界性、单调性、奇偶性、周期性以及最值等性质认识.

例 1.2.22 用软件 Mathematica 画出双曲正弦 $\mathrm{sh}x = \dfrac{\mathrm{e}^x - \mathrm{e}^{-x}}{2}$ 的图形，并研究其性质.

解：$\mathrm{In}[1] := \mathrm{Plot}\Big[\Big\{\mathrm{Sinh}[x], \dfrac{1}{2}\mathrm{e}^x, -\dfrac{1}{2}\mathrm{e}^{-x}\Big\}, \{x, -2, 2\},$

$\mathrm{PlotStyle} \rightarrow \{\mathrm{Black}, \mathrm{Dashed}, \mathrm{Dashed}\}, \mathrm{PlotLegends} \rightarrow \text{" Expressions"}\Big]$

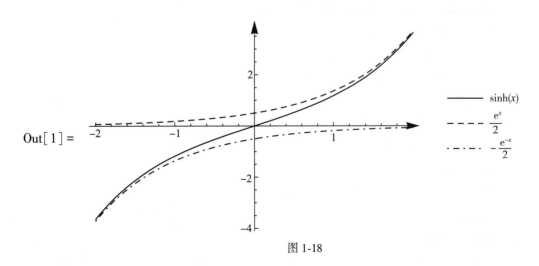

图 1-18

双曲正弦的图形如图 1-18 所示.

双曲正弦 $y = \mathrm{sh}x$ 定义域为 **R**，值域为 **R**，是奇函数. 函数图像为过原点并且穿越一、三象限的严格单调递增曲线，函数图像关于原点对称. 它的图形在第一象限内接近于曲线 $y = \frac{1}{2}e^x$；它的图形在第三象限内接近于曲线 $y = -\frac{1}{2}e^{-x}$.

（2）求函数的最值

求函数的最值，其命令的语法格式及意义：

$\text{Minimize}[\{f[x], cons\}, x]$　　根据约束条件 cons，得出以 x 为自变量的 f 的最小值.

$\text{Maximize}[\{f[x], cons\}, x]$　　根据约束条件 cons，得出以 x 为自变量的 f 的最大值.

例 1.2.23　求函数 $f(x) = |x^2 - 3x + 2|$ 在 $[-3, 4]$ 上的最大值和最小值.

解：$\text{In}[1] := f[x\_] := \text{Abs}[x^2 - 3x + 2];$

　　　　$\text{Plot}[f[x], \{x, -3, 4\}]$

$\text{Out}[1] =$

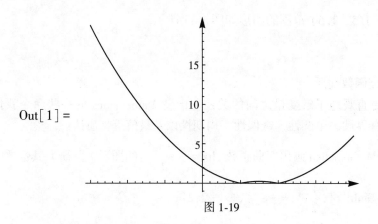

图 1-19

根据函数图像 1-19，确定求函数的最值命令的约束条件：

$\text{In}[2] := \text{Maximize}[\{f[x], -3 \leq x \leq 4\}, x]$

　　　　　$\text{Minimize}[\{f[x], -3 \leq x \leq 4\}, x]$

　　　　　$\text{Minimize}[\{f[x], 1 < x \leq 4\}, x]$

$\text{Out}[2] = \{20, \{x \to -3\}\}$

$\text{Out}[3] = \{0, \{x \to 1\}\}$

$\text{Out}[4] = \{0, \{x \to 2\}\}$

3）交互式操控命令

交互式操控命令，其命令的语法格式及意义：

$\text{Manipulate}[expr, \{u, u_{min}, u_{max}\}]$　　表示产生一个带有控件的 expr 的版本，该控件允许 u 值交互式操作.

例 1.2.24　使用 Manipulate 画出 $y = x^3 + ax$ 的图像. 改变 a 的值，函数图像是怎样改变的？

解：$\text{In}[1] := \text{Manipulate}[\text{Plot}[x^3 + a\, x, \{x, -2, 2\}], \{a, -2, 2\}]$

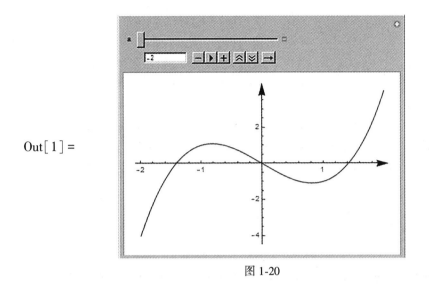

Out[1] =

图 1-20

函数 $y = x^3 + ax$ 的图像如图 1-20 所示，函数图像的变化请扫图 1-20 右侧二维码查看.

点击滑标并移动滑块，a 的值也随之变化，函数 $y = x^3 + ax$ 的图像也随之改变. 当滑块从左向右移动时，a 值由小到大变化，a 值先为负，到 0，再为正. 当 $a<0$ 时，曲线有一个极小值点和一个极大值点；当滑块向左移动时，随着 $|a|$ 增大，极大值点更高，而极小值点更低. 当 $a=0$ 时，曲线在原点处是平的. 当 $a>0$ 时，图像从左到右一直升高，没有极大值和极小值点(峰或谷).

5. Mathematica 系统函数

在 Mathematica 中定义了大量的数学函数可以直接调用，这些函数其名称一般表达了一定的意义，可以帮助我们理解. 下面是几个常用的函数，其命令的语法格式及意义：

Clear[x,y,…]	清除变量 x，y，…的所有值.
Sign[x]	符号函数.
Abs[x]	x 绝对值.
Max[x1,x2,x3…]	$x1$，$x2$，$x3$，…中的最大值.
Min[x1,x2,x3…]	$x1$，$x2$，$x3$，…中的最小值.
RandomInteger[{i_{min},i_{max}}]	给出{i_{min}，i_{max}}范围内的伪随机整数.
RandomReal[{x_{min},x_{max}}]	给出一个在 x_{min} 到 x_{max} 范围内的伪随机实数.
Exp[x]	指数函数 e^x.
Log[x]	自然对数函数 $\ln x$.
Log[b,x]	以 b 为底的对数函数 $\log_b x$.

Sin[x],Cos[x],Tan[x],Csc[x],Sec[x],Cot[x]

　　　　　　　　　三角函数(变量是以弧度为单位的).

ArcSin[x],ArcCos[x],ArcTan[x],ArcCsc[x],ArcSec[x],ArcCot[x]

　　　　　　　　　反三角函数.

Minimize[f,x]	得出函数 f 关于 x 的最小值.
Maximize[f,x]	得出函数 f 关于 x 的最大值.
Mod[m,n]	m 被 n 整除的余数, 余数与 n 同号.
Quotient[m,n]	m/n 的整数部分.
N!	N 的阶乘.

Mathematica 中的函数与数学上的函数有不同的地方, Mathematica 中的函数是一个具有独立功能的程序模块, 可以直接被调用. 同时每一个函数也可以包括一个或多个参数, 也可以没有参数. 参数的数据类型也比较复杂. 更加详细和更多的命令函数可以参看系统帮助.

习 题 1.2

1. 使用 N 求 e 的小数表示 (输入 e 的方式: ESC +ee+ ESC 或者调用数学助手面板中的 e).

2. 使用 Max 求 23×24 和 22×25 的较大值.

3. 使用 Max 和 RandomInteger 生成一个 50 到 100 之间的数.

4. 把 $\dfrac{1}{(1 + 2x)(1 + x^2)}$ 分解为最简分式的和.

5. 解方程: $\sqrt{x - 1} + \sqrt{x + 1} = a$.

6. (1)画 $y = \sin x + \cos \dfrac{x}{2}$ 函数的图形; (2)从图形中观察函数的最小正周期是什么?

7. 静脉注射药给病人, t 小时后留在体内单位药数量的函数为:
$$f(t) = 90 - 52\ln(1 + t), \quad 0 \le t \le 4$$
(1)用药开始时单位药数量是多少? (2)2 小时后还剩多少(用小数表示)? (3)画出函数图形.

8. 已知函数 $f(x) = \begin{cases} |\sin x|, & x < 1, \\ 0, & x \ge 1, \end{cases}$ 求 $f(1)$, $f\left(\dfrac{\pi}{4}\right)$, $f(\pi)$.

9. 设 $f(x) = x^2$, $g(x) = \ln x$, 求 $f[g(x)]$, $g[f(x)]$.

10. 求下列函数的单调区间.

(1) $y = \sin x$; (2) $y = \arcsin x$; (3) $y = x^2 - x$.

11. 某种商品的市场供应函数是 $S(p) = p^2 + 2p - 50$, 而需求函数为 $D(p) = 250 - 3p$, 求均衡价格 p_0.

12. 画出下列函数图形.

(1) $y = \dfrac{x - 1}{x^2 - 1}$; (2) $y = \dfrac{4x}{x^2 + 1}$; (3) $y = \sin \dfrac{1}{x}$; (4) $y = \left| \dfrac{x\sin x}{x^2 + 2} \right|$.

13. 画下列参数方程的曲线.

(1) $\begin{cases} x = 2\sin t, \\ y = 3\cos t; \end{cases}$ (2) $\begin{cases} x = t - \sin t, \\ y = t - \cos t. \end{cases}$

14. 画下列参数方程的曲线.

(1) $r = \sin 3t$, $t \in [0, \pi]$　　(2) $r = 2(1 + \cos t)$, $t \in [-\pi, \pi]$.

15. 画下列方程的图形.

(1) $2x + 7y = 3$;　　　　(2) $xy = 1$;　　　　(3) $\dfrac{x^2}{3^2} + \dfrac{y^2}{2^2} = 1$.

16. 绘制由下列不等式确定的平面区域:

(1) $|x| + |y| \leqslant 1$;　　　　(2) $\begin{cases} 2x^2 + y^2 < 16, \\ 2x^2 - 3y < 3. \end{cases}$

17. 使用 Manipulate 画出 $y = x^4 + ax^2 + x$ 的图像. 移动滑块改变 a 的值, 函数图像是怎样改变的?

1.3 极限

1.3.1 极限模型

例 1.3.1 数列极限模型. 用软件 Mathematica 画出 $a_k = \dfrac{1}{2} + 2\dfrac{\sin k}{k}$ 的散点图, 改变 n 和 ε 的值, 观察图形变化的相互关系, 并比较当 $a_k = \dfrac{1}{2} + \dfrac{1}{k}$ 和 $a_k = \dfrac{1}{2} + \dfrac{1}{2}\sin k$ 时数列的极限.

解: 散点图如图 1-21 所示, 结果请扫右侧二维码查看.

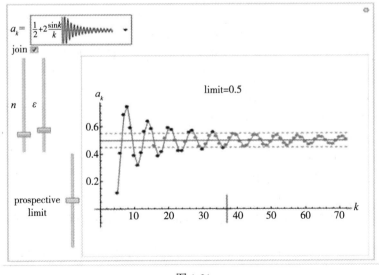

图 1-21

例 1.3.2 函数极限模型. 用 Mathematica 制作的交互式研究函数极限的动画, 改变 ε

19

的值和交点的位置，观察图形变化中 δ_1 和 δ_2 的变化，研究函数的极限 L、ε、δ_1 和 δ_2 的关系.

解：结果请扫图 1-22 右侧二维码查看.

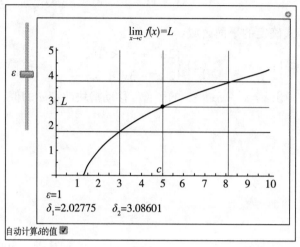

图 1-22

1.3.2　求极限

1. 生成列表

生成列表命令的语法格式及意义：

Range[i_{max}]	生成列表 $\{1, 2, \cdots, i_{max}\}$.
Total[list]	给出 list 中元素的和.
Table[expr,{i,i_{max}}]	产生 i 从 1 到 i_{max} 的一个值的列表.
Table[expr,{i,i_{min},i_{max}}]	以 $i=i_{min}$ 开始.
Table[expr,{i,i_{min},i_{max},di}]	使用步长 di.

例 1.3.3　产生一个 1 到 10 的列表，并求它们的和.

解：In[1]:=Range[10]

　　　　　　Total[Range[10]]

Out[1]={1,2,3,4,5,6,7,8,9,10}

Out[2]=55

例 1.3.4　写出下列数列的前 9 项，并用 NumberLinePlot 表示点列在线上累积的情况.

(1) $x_n = \dfrac{1}{2^n}$; 　　　　　　(2) $x_n = \sin\dfrac{n\pi}{2}$; 　　　　　　(3) $x_n = \dfrac{n^2 + 1}{2n^2 + 3}$;

(4) $x_n = \dfrac{\sin\left(\dfrac{1}{n}\right)}{1/n}$; 　　　(5) $x_n = \left(1 + \dfrac{1}{n}\right)^n$.

解：（1）$In[1]:=Table[\dfrac{1}{2^n},\{n,1,9\}]$

$NumberLinePlot[\{Table[\dfrac{1}{2^n},\{n,1,9\}]\},AxesStyle\rightarrow Arrowheads[0.05]]$

$Out[1]=\{\dfrac{1}{2},\dfrac{1}{4},\dfrac{1}{8},\dfrac{1}{16},\dfrac{1}{32},\dfrac{1}{64},\dfrac{1}{128},\dfrac{1}{256},\dfrac{1}{512}\}$

$Out[2]=$

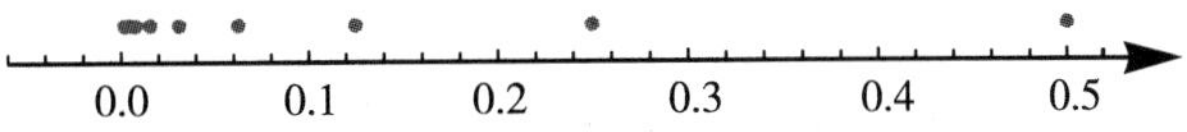

图 1-23

点列在线上累积的情况如图 1-23 所示.

（2）$In[3]:=Table[Sin[\dfrac{n\pi}{2}],\{n,1,9\}]$

$NumberLinePlot[\{Table[Sin[\dfrac{n\pi}{2}],\{n,1,9\}]\},AxesStyle\rightarrow Arrowheads[0.05]]$

$Out[3]=\{1,0,-1,0,1,0,-1,0,1\}$

$Out[4]=$

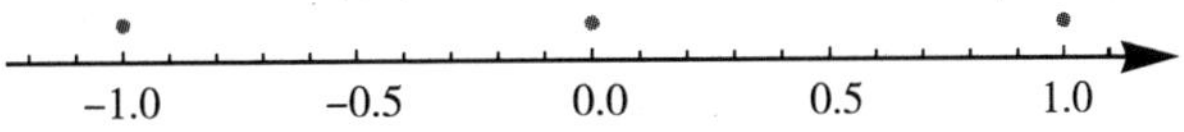

图 1-24

点列在线上累积的情况如图 1-24 所示.

（3）$In[5]:=Table[\dfrac{n^2+1}{2\,n^2+3},\{n,1,9\}]$

$NumberLinePlot[\{Table[\dfrac{n^2+1}{2\,n^2+3},\{n,1,9\}]\},AxesStyle\rightarrow Arrowheads[0.05]]$

$Out[5]=\{\dfrac{2}{5},\dfrac{5}{11},\dfrac{10}{21},\dfrac{17}{35},\dfrac{26}{53},\dfrac{37}{75},\dfrac{50}{101},\dfrac{65}{131},\dfrac{82}{165}\}$

$Out[6]=$

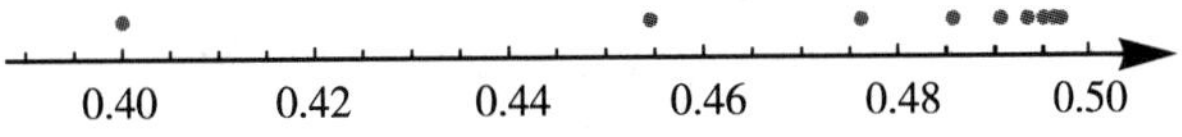

图 1-25

点列在线上累积的情况如图 1-25 所示.

（4）$In[7]:=Table[N[\dfrac{Sin[1/n]}{1/n},4],\{n,1,9\}]$

$NumberLinePlot[\{Table[\dfrac{Sin[1/n]}{1/n},\{n,1,9\}]\},AxesStyle\rightarrow Arrowheads[0.05]]$

$Out[7]=\{0.8415,0.9589,0.9816,0.9896,0.9934,0.9954,0.9966,0.9974,0.9979\}$

Out[8] =

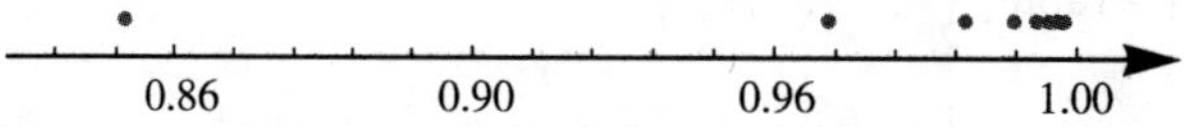

图 1-26

点列在线上累积的情况如图 1-26 所示.

(5) In[9] := Table[N[(1+$\frac{1}{n}$)^n, 4], {n, 1, 9}]

NumberLinePlot[{Table[(1+$\frac{1}{n}$)^n, {n, 1, 9}]}, AxesStyle→Arrowheads[0.05]]

Out[9] = {2.0, 2.25, 2.37, 2.441, 2.488, 2.521, 2.546, 2.565, 2.581}

Out[10] =

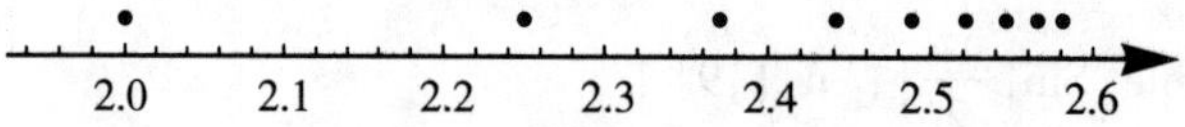

图 1-27

点列在线上累积的情况如图 1-27 所示.

例 1.3.5　用下列方法估计函数 $f(x) = \dfrac{x^2 - 1}{x^2 + 1}$ 极限的值.

(1) 通过画函数图形, 来估计 $\lim\limits_{n \to \infty} \dfrac{x^2 - 1}{x^2 + 1}$;

(2) 使用函数值的列表, 来估计 $\lim\limits_{n \to \infty} \dfrac{x^2 - 1}{x^2 + 1}$.

解: (1)

In[1] := Plot[{$\frac{x^2-1}{x^2+1}$, 1}, {x, -9, 9}, PlotRange → All, PlotTheme → "DashedLines",

AxesStyle→Arrowheads[0.03]]

Out[1] =

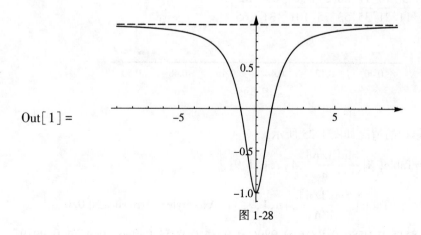

图 1-28

从图 1-28 中可以看出，当 $|x|$ 变得越来越大时，函数 $f(x)$ 的值越来越接近 1.

（2）$\mathrm{In}[2]:=\mathrm{TableForm}\big[\mathrm{Join}[\{\{0,-1\}\},\mathrm{Table}[\{\pm x,\mathrm{N}[\frac{x^2-1}{x^2+1},4]\},\{x,1,9\}]],$

$\mathrm{TableHeadings}{\rightarrow}\{\mathrm{None},\{"x","f(x)"\}\}\big]$

$\mathrm{Out}[2]=$

x	f(x)
0	-1
±1	0
±2	0.6000
±3	0.8000
±4	0.8824
±5	0.9231
±6	0.9459
±7	0.9600
±8	0.9692
±9	0.9756

图 1-29

从图 1-29 中可以看出，当 $|x|$ 变得越来越大时，函数 $f(x)$ 的值越来越接近 1.

进一步，把(1)中的图形和(2)中列表所对应的点合并到一个图形中(图 1-30)，不难看出，当 $|x|$ 变得越来越大时，函数 $f(x)$ 的值越来越接近 1.

$\mathrm{In}[3]:=\mathrm{data}=\mathrm{Table}[\{x,(x2-1)/(x2+1)\},\{x,-9,9\}];$

$\mathrm{Plot}[\{(x2-1)/(x2+1),1\},\{x,-9.5,9.5\},\mathrm{PlotRange}{-}{>}\mathrm{All},\mathrm{PlotTheme}{-}{>}"\mathrm{DashedLines}",$

$\mathrm{AxesStyle}{-}{>}\mathrm{Arrowheads}[0.03],\mathrm{Epilog}{-}{>}\{\mathrm{PointSize}[\mathrm{Medium}],\mathrm{Point}[\mathrm{data}]\}]$

$\mathrm{Out}[3]=$

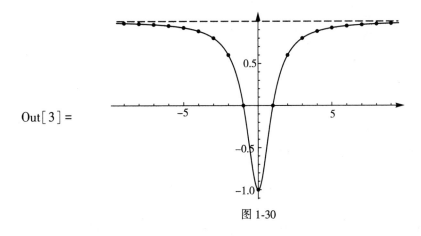

图 1-30

2. 求函数极限

在计算极限时，常常需要应用一些运算技巧对函数 $f(x)$ 进行初等变换，特别是自变量在某一给定值的变化过程中, 分子和分母都趋向于 0 或 ∞ 等情况下, 更需要具有一定的运算技巧. 用 Mathematica 计算极限可以比较迅速地得到计算结果.

利用 Mathematica 计算极限, 命令的语法格式及意义:

Limit[f(x) , x→x₀]　　　　　　　当 x 趋向于 x_0 时求 $f(x)$ 的极限.

Limit[f(x) , x→x₀ , Direction→1]　　计算 $\lim\limits_{x→x_0^-}f(x)$.

Limit[f(x) , x→x₀ , Direction→-1]　　计算 $\lim\limits_{x→x_0^+}f(x)$.

趋向的点可以是常数, 也可以是 +∞ , -∞ 。

例 1. 3. 6 求数列极限.

(1) $\lim\limits_{n→∞}\dfrac{1}{2^n}$;　　　　　　(2) $\lim\limits_{n→∞}\dfrac{n^2+1}{2n^2+3}$.

解: In[1] : =Limit[$\dfrac{1}{2^n}$, n→∞]

$\qquad$ Limit[$\dfrac{n^2+1}{2n^2+3}$, n→∞]

Out[1] = 0

Out[2] = $\dfrac{1}{2}$

例 1. 3. 7 求函数极限.

(1) $\lim\limits_{x→∞}\dfrac{\sqrt{x^2+2}}{3x-6}$;　　　　　　(2) $\lim\limits_{x→3}\sqrt{x^2+16}$.

解: In[1] : =Limit[$\dfrac{\sqrt{x^2+2}}{3x-6}$, x→∞]

$\qquad$ Limit[$\sqrt{x^2+16}$, x→3]

Out[1] = $\dfrac{1}{3}$

Out[2] = 5

例 1. 3. 8 求下列函数的极限, 并作图表示.

(1) $\lim\limits_{x→0}\dfrac{\sin x}{x}$;　　　　　　(2) $\lim\limits_{x→∞}\left(1+\dfrac{1}{x}\right)^x$.

解: (1) In[1] : =Limit[$\dfrac{\sin[x]}{x}$, x→0]

$\qquad$ Plot[$\dfrac{\sin[x]}{x}$, { x, -1, 1} , Epilog→{ PointSize[Large] , Point[{0,1}] }]

Out[1] = 1

24

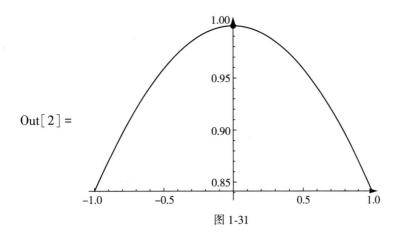

$$\text{Out}[2] =$$

图 1-31

求函数极限的图形如图 1-31 所示.

（2）$\text{In}[3]:=\text{Limit}\left[\left(1+\dfrac{1}{x}\right)^{x},x\rightarrow\infty\right]$

$\text{Plot}\left[\left\{\left(1+\dfrac{1}{x}\right)^{x},e\right\},\{x,0,40\},\text{PlotRange}\rightarrow\text{All},\text{PlotTheme}\rightarrow\text{"DashedLines"}\right]$

$\text{Out}[3]=e$

$$\text{Out}[4] =$$

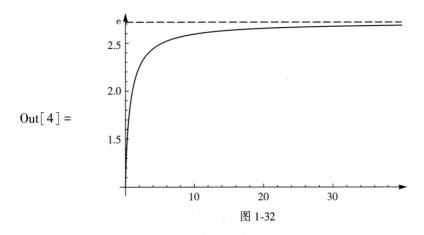

图 1-32

求函数极限的图形如图 1-32 所示.

例 1.3.9 求极限：（1）$\lim\limits_{x\rightarrow\frac{\pi}{2}^{-}}\tan x$；（2）$\lim\limits_{x\rightarrow\frac{\pi}{2}^{+}}\tan x$；（3）作出函数 $y=\tan x$ 在 $x=\dfrac{\pi}{2}$ 附近的图像.

解：（1）$\text{In}[1]:=\text{Limit}\left[\text{Tan}[x],x\rightarrow\dfrac{\pi}{2},\text{Direction}\rightarrow-1\right]$

$\qquad\quad\text{Out}[1]=-\infty$

（2）$\text{In}[2]:=\text{Limit}\left[\text{Tan}[x],x\rightarrow\dfrac{\pi}{2},\text{Direction}\rightarrow1\right]$

Out[2] = ∞

（3）In[3]:= Plot[Tan[x],{x,0,π},ExclusionsStyle→Directive[Red,Dashed],
AxesStyle→Arrowheads[0.03]]

Out[3] =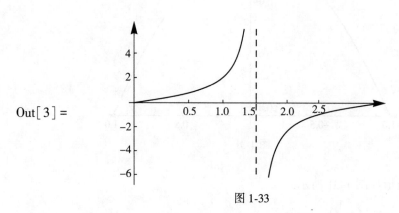

图 1-33

函数 $y = \tan x$ 在 $x = \dfrac{\pi}{2}$ 附近的图像如图 1-33 所示.

例 1.3.10 求 $\lim\limits_{x\to\infty} x\sin\dfrac{1}{x}$，并作出函数 $f(x) = x\sin\dfrac{1}{x}$ 在 $x=0$ 附近的图像.

解：In[1]:=f[x_]:=x Sin[$\dfrac{1}{x}$]

Limit[f[x],x→0]

Plot[f[x],{x,−0.1,0.1},AxesStyle→Arrowheads[0.04]]

Out[1] = 0

Out[2] =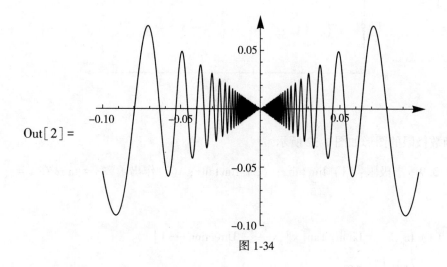

图 1-34

函数 $f(x) = x\sin\dfrac{1}{x}$ 在 $x=0$ 附近的图像如图 1-34 所示.

例 1.3.11 用夹逼准则证明 $\lim\limits_{x\to 0} x^2\sin\dfrac{1}{x}=0$，并作出图形.

证明：因为

$$-1 \leqslant \sin\frac{1}{x} \leqslant 1$$

$\text{In}[\,1\,]:=\text{Plot}\Big[\,\big\{x^2, x^2\,\text{Sin}\big[\dfrac{1}{x}\big], -x^2\big\}, \{x, -0.4, 0.4\}, \text{PlotLabels}\rightarrow"\,\text{Expressions}"\,\Big]$

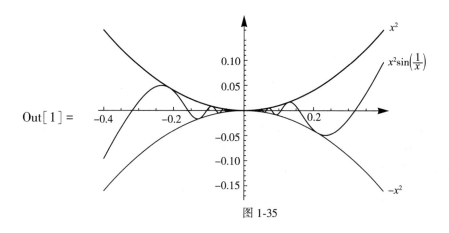

$\text{Out}[\,1\,]=$

图 1-35

于是，如图 1-35 所示

$$-x^2 \leqslant x^2\sin\frac{1}{x} \leqslant x^2$$

由于

$$\lim_{x\to 0} x^2 = \lim_{x\to 0}(-x^2) = 0$$

由夹逼准则得到

$$\lim_{x\to 0} x^2\sin\frac{1}{x} = 0.$$

3. 函数迭代的极限

函数迭代的极限，命令的语法格式及意义：

FixedPoint[f, expr]　　　表示用 expr 开始，然后重复应用 *f* 直到结果不再改变.

例 1.3.12 已知 $x_{n+1}=\dfrac{x_n}{2}+\dfrac{1}{x_n}$，计算 $\lim\limits_{x\to\infty} x_n$.

解：$\text{In}[\,1\,]:=\text{FixedPoint}\Big[\dfrac{\#}{2}+\dfrac{1}{\#}\,\&,\ 1.\Big]$

$\qquad\qquad \text{Out}[\,1\,]=1.41421$

习 题 1.3

1. 用下列方法估算函数 $f(x) = \dfrac{x^2 - 1}{x^2 + 1}$ 极限的值.

(1) 通过画函数图形，来估算 $\lim\limits_{n \to \infty} \dfrac{x^2 - 1}{x^2 + 1}$;

(2) 使用函数值的列表，来估算 $\lim\limits_{n \to \infty} \dfrac{x^2 - 1}{x^2 + 1}$;

(3) 直接用求极限的命令计算 $\lim\limits_{n \to \infty} \dfrac{x^2 - 1}{x^2 + 1}$.

2. 设函数 $f(x) = \sqrt{x}$, 求 $\lim\limits_{t \to 0} \dfrac{f(x + t) - f(x)}{t}$.

3. 设函数 $f(x) = \begin{cases} x^2 + 1, & x \geqslant 2, \\ 2x + 1, & x < 2, \end{cases}$ 求 $\lim\limits_{x \to 2^-} f(x)$, $\lim\limits_{x \to 2^+} f(x)$, $\lim\limits_{x \to 2} f(x)$.

4. 计算下列各式的极限.

(1) $\lim\limits_{x \to -2} (2x^2 - x + 5)$;

(2) $\lim\limits_{x \to 1} \dfrac{x^2 - 3}{x^4 + x^2 + 1}$;

(3) $\lim\limits_{x \to 0} \left(1 - \dfrac{2}{x - 3}\right)$;

(4) $\lim\limits_{x \to \infty} \dfrac{2x^2 - x}{x^2 + 4}$;

(5) $\lim\limits_{x \to 0} \dfrac{1 - \sqrt{1 + x^2}}{x^2}$;

(6) $\lim\limits_{x \to \infty} \left(\dfrac{1}{n^2} + \dfrac{2}{n^2} + \cdots + \dfrac{n}{n^2}\right)$;

(7) $\lim\limits_{x \to +\infty} \dfrac{\sqrt{x^2 + 2x + 2} - 1}{x}$;

(8) $\lim\limits_{x \to 1} \dfrac{x^3 - 1}{x - 1}$;

(9) $\lim\limits_{x \to +\infty} x(\sqrt{9x^2 + 1} - 3x)$;

(10) $\lim\limits_{x \to 1} \dfrac{\sqrt{2 - x} - \sqrt{x}}{1 - x}$.

5. 已知 $\lim\limits_{x \to 1} \dfrac{x^2 - ax + 6}{x - 1} = -5$, 求 a.

6. 已知 $\lim\limits_{x \to +\infty} (\sqrt{x^2 + kx} - x) = 2$, 求 k.

7. 计算下列各式的极限.

(1) $\lim\limits_{x \to 0} \dfrac{\sin 5x}{\sin 2x}$;

(2) $\lim\limits_{x \to 0} \dfrac{\tan 2x - \sin x}{x}$;

(3) $\lim\limits_{x \to 0} \dfrac{\cos x - \cos 3x}{x^2}$;

(4) $\lim\limits_{x \to 0} \dfrac{\tan(2x + x^3)}{\sin(x - x^2)}$;

(5) $\lim\limits_{x \to 0} x \cdot \sin \dfrac{1}{x}$;

(6) $\lim\limits_{x \to 0} \dfrac{x - \sin x}{x + \sin x}$;

(7) $\lim\limits_{x \to 0} \dfrac{2\arcsin x}{3x}$;

(8) $\lim\limits_{x \to 0} \dfrac{\tan x - \sin x}{x^3}$.

8. 计算下列各式的极限.

（1）$\lim\limits_{x\to\infty}\left(1+\dfrac{4}{x}\right)^{2x}$;

（2）$\lim\limits_{x\to\infty}\left(1-\dfrac{2}{x}\right)^{x-1}$;

（3）$\lim\limits_{x\to0}\left(\dfrac{3-x}{3}\right)^{\frac{2}{x}}$;

（4）$\lim\limits_{x\to\infty}\left(\dfrac{x-1}{x+1}\right)^{x-1}$;

（5）$\lim\limits_{x\to0}\dfrac{a^x-1}{x}$;

（6）$\lim\limits_{x\to\infty}\dfrac{\ln(1+x)-\ln x}{x}$.

1.4　用 Mathematica 做回归分析

　　要从一组成对的数组中看出它们的关系或变化趋势可能是困难的. 我们画出它们的图形（散点图），看看点的坐标是否满足某种关系或这些点是否具有某种趋势. 如果它们的确存在某种关系，又若能找到近似表示这种关系或趋势的曲线方程 $y=f(x)$，求这样的一条拟合数据的特殊曲线类型的过程就是回归分析，该曲线就是回归曲线. 回归曲线方程作用如下：

　　(1)用一个简单的表达式来概括这些数据；

　　(2)用其他的 x 值来预测 y 值.

　　我们学过的，如幂函数、多项式函数、指数函数、对数函数和正弦函数等都是很有用的回归曲线类型. 这里我们用 Mathematica 相关命令函数来拟合数据.

1.4.1　线性回归分析

　　线性回归分析命令的语法格式及意义：

　　LinearModelFit$\big[\{y_1,y_2,\cdots\},\{f_1,f_2,\cdots\},x\big]$　　表示构建形如 $\beta_0+\beta_1f_1+\beta_2f_2+\cdots$ 的一个线性拟合模型，对于连续 x 值 1，2，…拟合 y_i.

　　例 1.4.1　表 1-1 列出了 9 个女孩的年龄和体重.

表 1-1　　　　　　　　　　　　　　女孩的年龄和体重

年龄(月)	体重(千克)
19	9.966
21	10.419
24	11.325
27	12.684
29	14.043
31	12.684
34	14.496
38	15.402
43	17.667

（1）对该数据求线性回归方程.

（2）把线性回归方程的图形重叠到数据的散点图上去.

（3）利用回归方程预测 30 个月大小的女孩大概体重.

解：（1）In［1］:=data={{19,9.966},{21,10.419},{24,11.325},{27,12.684},{29,14.043},{31,12.684},{34,14.496},{38,15.402},{43,17.667}}

Out［1］={{19,9.966},{21,10.419},{24,11.325},{27,12.684},{29,14.043},{31,12.684},{34,14.496},{38,15.402},{43,17.667}}

In［2］:=lm=LinearModelFit［data,x,x］

Out［2］= FittedModel［ 4.08268+0.308052x ］

（2）In［3］:=Show［ListPlot［data］,Plot［lm［x］,{x,0,50}］,Frame→True］

Out［3］=

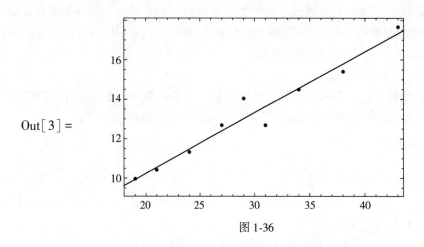

图 1-36

线性回归方程的图形重叠到数据散点图上的图形如图 1-36 所示.

（3）In［4］:=lm［30］

Out［4］=13.324.

1.4.2 非线性回归分析

非线性回归分析命令的语法格式及意义：

NonlinearModelFit［{y_1, y_2,⋯},form{β_1,β_2,⋯},x］ 表示构建结构 form 的一个非线性拟合模型，用参数 β_1，β_2，⋯ 对于连续 x 值 1，2，⋯拟合 y_i.

例 1.4.2 表 1-2 中是酵母细胞在营养液中随时间(以小时为度量)增长的数据.

（1）求表中的回归方程；

（2）把回归方程的图形重叠到数据的散点图上去.

表 1-2

时间(小时)x	生物量 y
0	9.6
1	18.3
2	29
3	47.2
4	71.1
5	119.1
6	174.6
7	257.3
8	350.7
9	441
10	513.3
11	559.7
12	594.8
13	629.4
14	640.8
15	651.1
16	655.9
17	659.6
18	661.8

解：In[1]:=

data={{0,9.6},{1,18.3},{2,29},{3,47.2},{4,71.1},{5,119.1},{6,174.6},{7,257.3},{8,350.7},{9,441},{10,513.3},{11,559.7},{12,594.8},{13,629.4},{14,640.8},{15,651.1},{16,655.9},{17,659.6},{18,661.8}};

nlm=NonlinearModelFit$\left[$data2,$\dfrac{a}{1+b\ e^{cx}}$,$\{a,b,c\}$,x$\right]$

Out[2]= FittedModel$\left[\dfrac{663.022}{1+71.5763e^{-\ll 19\gg x}}\right]$

In[3]:=Normal[nlm]

Out[3]=$\dfrac{663.022}{1+71.5763e^{-0.546995x}}$

In[4]:=Show[ListPlot[data],Plot[nlm[x],{x,0,20}],Frame→True]

31

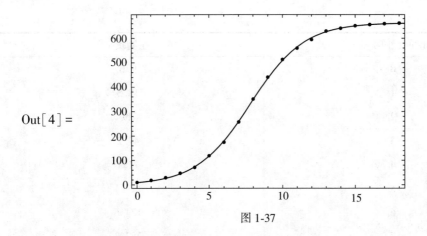

Out[4] =

图 1-37

把回归方程的图形重叠到数据的散点图上的图形如图 1-37 所示.

说明： Out[3] 为所求非线性回归方程的数值表达式.

习 题 1.4

1. 表 1-3 为某行业工人平均年工资.

（1）对该数据求线性回归方程；

（2）把回归方程的图形重叠到数据的散点图上去；

（3）利用回归方程预测 2013 年该行业的平均年工资.

表 1-3 　　　　　　　　　　　　　**工人平均年工资**

年　份	平均年工资（元）
1993	22，033
1998	27，581
2001	30，466
2002	31，465
2003	32，836

2. 表 1-4 为三个不同年份印度尼西亚生产的石油吨数.

（1）用表 1-4 的数据求自然对数回归方程 $y = a + n\ln x$.

（2）把回归方程的图形重叠到数据的散点图上去；

（3）利用回归方程预测 1982 年和 2000 年石油产量的吨数.

表 1-4　　　　　　　　　　印度尼西亚生产的石油产量

年份	吨（百万）
1960	20. 56
1970	42. 10
1990	70. 10

3. 求音符的频率. 音符是在空气中的压力波. 波的形态可以以极大的精度用一般正弦曲线 $(y = a\sin(x + c) + d)$ 来建模. 表 1-5 给出了电音叉产生的一个音符在以秒计的时间过程中的压力位移.

（1）求该数据的正弦回归方程 $(y = a\sin(x + c) + d)$，并把它的图形重叠到数据的散点图上去；

（2）估计由音叉产生的音符的频率.

表 1-5　　　　　　　　　　音 叉 数 据

时间（s）	压力（Pa）	时间（s）	压力（Pa）
0. 00091	−0. 08	0. 00362	0. 217
0. 00108	0. 2	0. 00379	0. 48
0. 00125	0. 48	0. 00398	0. 681
0. 00144	0. 693	0. 00416	0. 81
0. 00162	0. 816	0. 00435	0. 827
0. 0018	0. 844	0. 00453	0. 749
0. 00198	0. 771	0. 00471	0. 581
0. 00216	0. 603	0. 00489	0. 346
0. 00234	0. 368	0. 00507	0. 077
0. 00253	0. 099	0. 00525	−0. 164
0. 00271	−0. 141	0. 00543	−0. 32
0. 00289	−0. 309	0. 00562	−0. 354
0. 00307	−0. 348	0. 00579	−0. 248
0. 00325	−0. 248	0. 00598	−0. 035
0. 00344	−0. 041		

第 2 章　导数及其应用

2.1　导数与微分

2.1.1　导数模型

例 2.1.1　用软件 Mathematica 过定点 $(2, 4)$ 作曲线 $y = x^2$ 的割线和切线，移动滑块观察割线的运动过程以及割线斜率的变化情况.

解：结果请扫图 2-1 右侧的二维码查看.

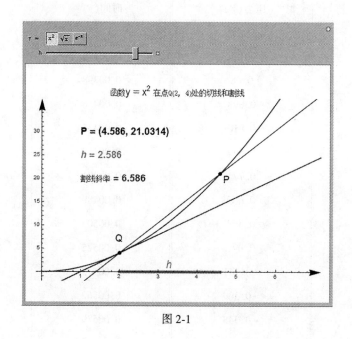

图 2-1

2.1.2　函数的导数

在求函数导数的过程中，会遇到大量的运算，需要特别仔细. 在 Mathematica 中计算导数非常容易，即使是对范围庞大的可导函数中的任何一个进行最复杂的求导问题，也没有难度.

1. 求导数

求函数 $y = f(x)$ 的导数 $\dfrac{\mathrm{d}f}{\mathrm{d}x}$，其命令的语法格式：

$$\mathrm{D}[\,f[\,x\,]\,,x\,]$$

对于求一阶导数，也可以先定义一个函数 $f[\,x\_\,]$，再键入"$f\,'[\,x\,]$"，求函数导数. 该方法对任意阶数均有效，只需加上多个上撇号.

例 2.1.2 求函数 $y = \cos x$ 的导数 y' 和三阶导数 y'''.

解：$\mathrm{In}[\,1\,]:=f[\,x\_\,]:=\mathrm{Cos}[\,x\,];$

$\qquad\mathrm{D}[\,f[\,x\,]\,,x\,]$

$\qquad f'[\,x\,]$

$\qquad f'''[\,x\,]$

$\qquad\mathrm{Out}[\,1\,]=-\mathrm{Sin}[\,x\,]$

$\qquad\mathrm{Out}[\,2\,]=-\mathrm{Sin}[\,x\,]$

$\qquad\mathrm{Out}[\,3\,]=\mathrm{Sin}[\,x\,]$

说明：用 $\mathrm{D}[\,f[\,x\,]\,,x\,]$ 或者用 $f'[\,x\,]$ 进行计算其效果相同.

例 2.1.3 求下列函数的导数.

（1）$y = c$；（2）$y = x^3$；（3）$y = \sin x$；（4）$y = x^n$；（5）$y = x^x$.

解：$\mathrm{In}[\,1\,]:=\mathrm{D}[\,c,x\,]$

$\qquad\qquad\mathrm{D}[\,x^\wedge 3,x\,]$

$\qquad\qquad\mathrm{D}[\,\mathrm{Sin}[\,x\,]\,,x\,]$

$\qquad\qquad\mathrm{D}[\,x^\wedge n,x\,]$

$\qquad\qquad\mathrm{D}[\,x^x,x\,]$

$\qquad\mathrm{Out}[\,1\,]=0$

$\qquad\mathrm{Out}[\,2\,]=2x$

$\qquad\mathrm{Out}[\,3\,]=\mathrm{Cos}[\,x\,]$

$\qquad\mathrm{Out}[\,4\,]=n\,x^{-1+n}$

$\qquad\mathrm{Out}[\,5\,]=x^x(1+\mathrm{Log}[\,x\,])$

例 2.1.4 函数 $f(x) = x^{\frac{1}{x}}$，求 $f'(x)$ 及 $f'(e)$，并作图.

解：$\mathrm{In}[\,1\,]:=f[\,x\_\,]=x^{\frac{1}{x}};$

$\qquad\qquad f'[\,x\,]$

$\qquad\qquad f'[\,e\,]$

$\qquad\qquad\mathrm{Plot}[\,\{f[\,x\,]\,,f'[\,x\,]\}\,,\{x,0,5\}\,,\mathrm{PlotStyle}\to\{\mathrm{Black},\mathrm{Dashed}\}\,,\mathrm{PlotLegends}\text{-}>$

"Expressions"$,\mathrm{Epilog}\to\{\mathrm{Black},\mathrm{PointSize}[\,\mathrm{Large}\,]\,,\mathrm{Point}[\,\{e,0\}\,]\}\,]\,]$

$\qquad\mathrm{Out}[\,1\,]=x^{\frac{1}{x}}\left(\dfrac{1}{x^2}-\dfrac{\mathrm{Log}[\,x\,]}{x^2}\right)$

$\qquad\mathrm{Out}[\,2\,]=0$

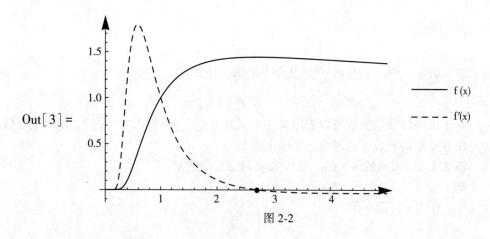

图 2-2

本例题作图结果如图 2-2 所示.

例 2.1.5　函数 $f(x) = \begin{cases} \cos x, & x < 0, \\ 0, & x = 0, \\ 1 - x^2, & x > 0. \end{cases}$　求：$f'(x)$ 及 $f'\left(-\dfrac{\pi}{4}\right)$，并作图.

解：In[1]:=f[x_]=Piecewise[{{Cos[x],x<0},{1-x²,x>=0}}];

$$f'\left[-\frac{\pi}{4}\right]$$

Plot[{f[x],f'[x]},{x,-π,1.4},PlotStyle→{Black,Dashed},

PlotLegends->"Expressions",Epilog→{Black,PointSize[Large],Point[{-$\dfrac{\pi}{4}$,$\dfrac{1}{\sqrt{2}}$}]}],

AxesStyle→Arrowheads[0.05]]

$$\text{Out}[1]= \begin{cases} -\text{Sin}[x] & x<0 \\ 0 & x=0 \\ -2x & \text{True} \end{cases}$$

$$\text{Out}[2]=\frac{1}{\sqrt{2}}$$

Out[3]=
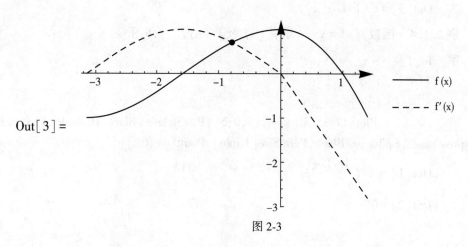

图 2-3

本例题作图结果如图 2-3 所示.

2. 高阶导数

求函数 $y = f(x)$ 的 n 阶导数 $\dfrac{\mathrm{d}^n f}{\mathrm{d} x^n}$，其命令的语法格式：

$$\mathrm{D}[\,\mathrm{f}[\,\mathrm{x}\,]\,,\{\,\mathrm{x},\mathrm{n}\,\}\,]$$

例 2.1.6 求函数 $y = f(\ln x)$ 的二阶导数.

解：$\text{In}[\,1\,]:=\mathrm{D}[\,\mathrm{f}[\,\mathrm{Log}[\,\mathrm{x}\,]\,]\,,\{\,\mathrm{x},2\,\}\,]$

$\text{Out}[\,1\,]=\dfrac{\mathrm{f}'[\,\mathrm{Log}[\,\mathrm{x}\,]\,]}{\mathrm{x}^2}+\dfrac{\mathrm{f}''[\,\mathrm{Log}[\,\mathrm{x}\,]\,]}{\mathrm{x}^2}$

例 2.1.7 $f(x) = \mathrm{e}^x \cos x$，求 $f^{(4)}(0)$.

解：$\text{In}[\,1\,]:=\mathrm{f}[\,\mathrm{x}\_\,]:=\mathrm{e}^{\mathrm{x}}\,\mathrm{Cos}[\,\mathrm{x}\,]\,;$

$\qquad\qquad \mathrm{D}[\,\mathrm{f}[\,\mathrm{x}\,]\,,\{\,\mathrm{x},4\,\}\,]\,/.\,\mathrm{x}\rightarrow 0$

$\text{Out}[\,1\,]=4$

例 2.1.8 $f(x) = \sin x$，求 $(\sin x)^{(n)}$ 及 $(\sin x)^{(23)}$.

解：$\text{In}[\,1\,]:=\mathrm{D}[\,\mathrm{Sin}[\,\mathrm{x}\,]\,,\{\,\mathrm{x},\mathrm{n}\,\}\,]$

$\qquad\qquad \mathrm{Sin}^{(23)}[\,\mathrm{x}\,]$

$\text{Out}[\,1\,]=\mathrm{Sin}\left[\dfrac{\mathrm{n}\pi}{2}+\mathrm{x}\right]$

$\text{Out}[\,2\,]=-\mathrm{Cos}[\,\mathrm{x}\,]$

3. 求隐函数导数

(1) D 逐项作用于等式 eqn 以计算隐函数的导数.

例 2.1.9 求由方程 $x^2 + y^2 = 1$ 所确定的隐函数的导数 $\dfrac{\mathrm{d}y}{\mathrm{d}x}$.

解：$\text{In}[\,1\,]:=\mathrm{eqn}=\mathrm{y}[\,\mathrm{x}\,]\hat{}\,2+3\mathrm{y}[\,\mathrm{x}\,]==\mathrm{x}\hat{}\,2+1\,;$

$\qquad\qquad \text{Solve}[\,\mathrm{D}[\,\mathrm{eqn},\mathrm{x}\,]\,,\mathrm{y}'[\,\mathrm{x}\,]\,]$

$\qquad\qquad \text{Out}[\,1\,]=\left\{\left\{\mathrm{y}'[\,\mathrm{x}\,]\rightarrow-\dfrac{\mathrm{x}}{\mathrm{y}[\,\mathrm{x}\,]}\right\}\right\}$

所以 $\dfrac{\mathrm{d}y}{\mathrm{d}x} = -\dfrac{x}{y}$.

例 2.1.10 求由方程 $\mathrm{e}^y + xy - \mathrm{e} = 0$ 所确定的隐函数的导数 $\dfrac{\mathrm{d}y}{\mathrm{d}x}$.

解：$\text{In}[\,1\,]:=\mathrm{eqn}=\mathrm{e}^{\mathrm{y}[\,\mathrm{x}\,]}+\mathrm{x}*\mathrm{y}[\,\mathrm{x}\,]-\mathrm{e}==0\,;$

$\qquad\qquad \text{Solve}[\,\mathrm{D}[\,\mathrm{eqn},\mathrm{x}\,]\,,\mathrm{y}'[\,\mathrm{x}\,]\,]$

$\qquad\qquad \text{Out}[\,1\,]=\left\{\left\{\mathrm{y}'[\,\mathrm{x}\,]\rightarrow-\dfrac{\mathrm{y}[\,\mathrm{x}\,]}{\mathrm{e}^{\mathrm{y}[\,\mathrm{x}\,]}+\mathrm{x}}\right\}\right\}$

所以 $\dfrac{\mathrm{d}y}{\mathrm{d}x} = -\dfrac{y}{\mathrm{e}^y + x}$.

(2)求隐函数 $F(x, y) = 0$ 的导数, 在原有的求导数命令中, 选用参数 NonConstants, 求一阶导数的方法:

$$D[F(x,y) = = 0, x, \text{NonConstants} \rightarrow y];$$
$$Solve[\%, D[y, x, \text{NonConstants} \rightarrow \{y\}]]$$

例 2.1.11 用求导命令中的参数 NonConstants 解答例 2.1.9.

解: $In[1]: = D[x^2 + y^2 = = 1, x, \text{NonConstants} \rightarrow y];$
$$Solve[\%, D[y, x, \text{NonConstants} \rightarrow \{y\}]]$$

$$Out[1] = \{\{D[y, x, \text{NonConstants} \rightarrow \{y\}] \rightarrow -\frac{x}{y}\}\}$$

所以 $\dfrac{\mathrm{d}y}{\mathrm{d}x} = -\dfrac{x}{y}$.

(3) 求隐函数 $F(x, y) = 0$ 的导数, 由隐函数的导数公式

$$\frac{\mathrm{d}y}{\mathrm{d}x} = -\frac{F_x}{F_y}.$$

于是, 求一阶隐函数导数的方法:

$$F = F(x, y);$$
$$-\frac{D[F, x]}{D[F, y]}$$

例 2.1.12 用本方法再解例 2.1.10.

解: $In[1]: = F = e^y + x * y - e;$
$$-\frac{D[F, x]}{D[F, y]}$$

$$Out[1] = -\frac{y}{e^y + x}$$

(4)求隐函数 $F(x, y) = 0$ 的二阶导数方法如下:

$$D[F(x,y) = = 0, x, \text{NonConstants} \rightarrow y];$$
$$D[F(x,y) = = 0, \{x, 2\}, \text{NonConstants} \rightarrow y];$$
$$Solve[\{\%, \%\%\}, \{D[y, x, \text{NonConstants} \rightarrow \{y\}], D[y, \{x, 2\}, \text{NonConstants} \rightarrow \{y\}]\}]$$

例 2.1.13 求由方程 $x - y + \dfrac{1}{2}\sin y = 0$ 所确定的隐函数的二阶导数 $\dfrac{\mathrm{d}^2 y}{\mathrm{d}x^2}$.

解: $In[1]: = D[x - y + \dfrac{1}{2}\sin[y] = = 0, x, \text{NonConstants} \rightarrow y];$

$$D[x - y + \frac{1}{2}\text{Sin}[y] = = 0, \{x, 2\}, \text{NonConstants} \rightarrow y];$$
$$Solve[\{\%, \%\%\}, \{D[y, x, \text{NonConstants} \rightarrow \{y\}],$$
$$D[y, \{x, 2\}, \text{NonConstants} \rightarrow \{y\}]\}]$$

$$Out[1] = \{\{D[y, x, \text{NonConstants} \rightarrow \{y\}] \rightarrow -\frac{2}{-2 + \text{Cos}[y]},$$

$$D[y,\{x,2\},NonConstants\rightarrow\{y\}]\rightarrow\frac{4Sin[y]}{(-2+Cos[y])^3}\}\}$$

所以 $\dfrac{\mathrm{d}^2y}{\mathrm{d}x^2}=\dfrac{4\sin y}{(-2+\cos y)^3}$.

（5）求隐函数 $F(x,y)=0$ 的二阶导数，由隐函数的导数公式

$$\frac{\mathrm{d}^2y}{\mathrm{d}x^2}=-\frac{F_{xx}F_y^2-2F_{xy}F_xF_y+F_{yy}F_x^2}{F_y^3}$$

于是，求二阶隐函数导数的方法：

$$F=F(x,y);$$

$$\frac{D[F,\{x,2\}]D[F,y]^2-2D[F,x,y]D[F,x]D[F,y]+D[F,\{y,2\}]D[F,x]^2}{D[F,y]^3}$$

例 2. 1. 14 用本方法再解例 2. 1. 13.

解：$In[1]:=F=x-y+\dfrac{1}{2}Sin[y];$

$$-(D[F,\{x,2\}]D[F,y]^2-2D[F,x,y]D[F,x]D[F,y]+$$
$$D[F,\{y,2\}]D[F,x]^2)/D[F,y]^3$$

$$Out[1]=\frac{Sin[y]}{2\left(-1+\dfrac{Cos[y]}{2}\right)^3}$$

$$In[2]:=Simplify\left[\frac{Sin[y]}{2\left(-1+\dfrac{Cos[y]}{2}\right)^3}\right]$$

$$Out[2]=\frac{4Sin[y]}{(-2+Cos[y])^3}$$

所以 $\dfrac{\mathrm{d}^2y}{\mathrm{d}x^2}=\dfrac{4\sin y}{(-2+\cos y)^3}$.

4. 求由参数方程确定的函数的导数

（1）求由参数方程 $\begin{cases}x=\varPhi(t),\\ y=\varPsi(t)\end{cases}$ 确定的函数的导数 $\dfrac{\mathrm{d}y}{\mathrm{d}x}$. 其方法如下：

$$\frac{D[\varPsi(t),t]}{D[\varPhi(t),t]}$$

例 2. 1. 15 求由参数方程 $\begin{cases}x=2\cos^3t,\\ y=4\sin^3t\end{cases}$ 所确定的函数的导数 $\dfrac{\mathrm{d}y}{\mathrm{d}x}$.

解：$In[1]:=D[4Sin[t]\wedge3,t]/D[2Cos[t]\wedge3,t]$

$Out[1]=-2Tan[t]$

（2）求参数函数 $\begin{cases}x=\varPhi(t),\\ y=\varPsi(t)\end{cases}$ 的二阶导数 $\dfrac{\mathrm{d}^2y}{\mathrm{d}x^2}$. 其方法如下：

$$D\left[\frac{D[\Psi(t), t]}{D[\Phi(t), t]}, t\right]/D[\Phi(t), t]$$

例 2.1.16 计算由摆线参数方程

$$\begin{cases} x = a(t - \sin t), \\ y = a(1 - \cos t) \end{cases}$$

所确定的函数 $y = y(x)$ 的二阶导数.

解：$In[1] := D\left[\dfrac{D[a(1-Cos[t]), t]}{D[a(t-Sin[t]), t]}, t\right]/D[a(t-Sin[t]), t]$

$$Out[1] = \frac{\dfrac{Cos[t]}{1-Cos[t]} - \dfrac{Sin[t]^2}{(1-Cos[t])^2}}{a(1-Cos[t])}$$

$In[2] := Simplify\left[\dfrac{\dfrac{Cos[t]}{1-Cos[t]} - \dfrac{Sin[t]^2}{(1-Cos[t])^2}}{a(1-Cos[t])}\right]$

$$Out[2] = -\frac{1}{a(-1+Cos[t])^2}$$

说明：$In[2]$ 可点击"计算建议栏"中的"化简"自动生成.

5. 求微分

函数 $y = f(x)$ 的微分，其命令的语法格式：

$$Dt[f(x)]$$

例 2.1.17 求函数 $y = x^2 + \sin x$ 的微分.

解：$In[1] := Dt[x^2 + \sin x]$

$Out[1] = 2x Dt[x] + Cos[x] Dt[x]$

其中输出的表达式中的 $Dt[x]$ 即为 dx.

所以 $y = x^2 + \sin x$ 的微分 $dy = 2x dx + \cos x dx$.

例 2.1.18 求函数 $y = x^3$ 当 $x = 3.02$ 时的微分；当 $x = 2$，$dx = 0.02$ 时的微分.

解：$In[1] := Dt[x^3, x] dx/.x \rightarrow 3.02$

$Out[1] = 27.3612 dx$

$In[2] := Dt[x^3, x] dx/.\{x \rightarrow 2, dx \rightarrow 0.02\}$

$Out[2] = 0.24$

习 题 2.1

1. 求下列函数的导数.

(1) $y = x^5 + \ln x + e^2$；　　　　　(2) $y = 2\sqrt{x} - \dfrac{1}{x} + x\sqrt{x}$；

(3) $y = (\sqrt{x} + 1)\left(\dfrac{1}{\sqrt{x}} - 1\right)$；　　　(4) $y = 2\tan x + \sec x - 2$；

$(5)y = \dfrac{1 + \ln x}{1 - \ln x}$;　　　　　　$(6)y = x\sin x\ln x$;

$(7)y = \dfrac{a + bt - ct^2}{t}$;　　　　　$(8)y = \dfrac{5\sin x}{1 + \cos x}$;

$(9)y = (ax + 3)^4$;　　　　　　$(10)y = \cos(4 - 3x) + \cos x^2$;

$(11)y = e^{-3x^2}\sin 2x$;　　　　　$(12)y = \sqrt{n^2 - x^2}$;

$(13)y = \ln\ln x$;　　　　　　　$(14)y = 2\sin^2 x^2$.

2. 求以下函数的高阶导数.

$(1)y = \ln(1 - x^2)$，求 y'';　　　$(2)y = (1 + x^2)\arctan x$，求 y'';

$(3)y = x\cos x$，求 $y''(0)$;　　　$(4)y = xe^x$，求 $y^{(100)}$;

$(5)y = \cos x$，求 $y^{(n)}$ 及 $y^{(27)}$;　　$(6)y = \ln(1 + x)$，求 $y^{(n)}$.

3. 求下列方程所确定的隐函数 $y = y(x)$ 的导数 $\dfrac{dy}{dx}$ 及 $\dfrac{d^2y}{dx^2}$.

$(1)x^2 + y^2 - xy = 1$;　　　　　$(2)xy^2 - e^{xy} + 2 = 0$;

$(3)y = x + \ln y$;　　　　　　　$(4)y = 1 + xe^y$.

4. 求由下列参数方程所确定的函数的导数 $\dfrac{dy}{dx}$.

$(1)\begin{cases} x = t^3, \\ y = 4t; \end{cases}$　　　　　$(2)\begin{cases} x = \ln(1 + t^2), \\ y = t - \arctan t. \end{cases}$

5. 求由下列参数方程所确定的函数的二阶导数 $\dfrac{d^2y}{dx^2}$.

$(1)\begin{cases} x = \dfrac{t^2}{2}, \\ y = 1 - t; \end{cases}$　　　　$(2)\begin{cases} x = a\cos t, \\ y = b\sin t. \end{cases}$

6. 求下列函数的微分.

$(1)y = x^2 + \sin^2 x - 3x + 4$;　　　$(2)y = x\ln x - x^2$;

$(3)y = (\arccos x)^2 - 1$;　　　　　$(4)y = x\arctan x$;

$(5)y = \ln\tan\dfrac{x}{2}$;　　　　　　$(6)y = \arctan\dfrac{1 - e^x}{1 + e^x}$.

2.2　导数的应用

2.2.1　微分中值定理模型

例 2.2.1　用软件 Mathematica 研究罗尔中值定理. 选择不同函数，改变切线的位置，观察图形变化.

解：结果请扫图 2-4 右侧二维码查看.

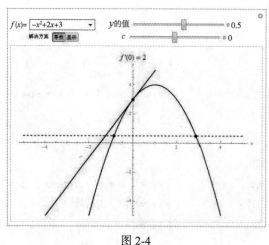

图 2-4

例 2.2.2　用软件 Mathematica 研究拉格朗日中值定理. 拖动滚动条的位置，改变图形或割线的位置，观察图形变化.

解：结果请扫图 2-5 右侧二维码查看.

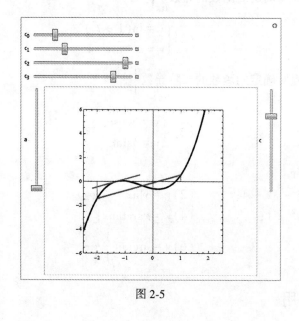

图 2-5

2.2.2　泰勒公式

1. 泰勒公式模型

例 2.2.3　用软件 Mathematica 研究泰勒公式. 选择不同函数，拖动滚动条的位置，观察图形变化.

解：结果请扫图 2-6 右侧二维码查看.

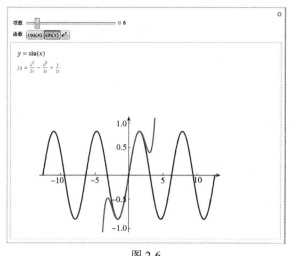

图 2-6

2. 函数展开成泰勒多项式

生成函数 $f(x)$ 按 $(x-x_0)$ 的幂展开的多项式，次数直到 $(x-x_0)^n$，其方法如下：

$$\text{Normal}\big[\,\text{Series}\big[\,f(x),\ \{x,\ x_0,\ n\}\,\big]\,\big]$$

例 2.2.4 求函数 $f(x)=\ln x$ 按 $(x-2)$ 的幂展开的多项式，次数直到 $(x-2)^5$，并在区间 $(0,5)$ 作出展开的多项式函数与原函数图像.

解：$\text{In}[1]:=f[x\_]=\text{Normal}[\,\text{Series}[\,\text{Log}[x],\{x,2,5\}]\,]$

$\text{Plot}[\{f[x],\text{Log}[x]\},\{x,0,5\},\text{PlotStyle}\to\{\text{Red},\text{Dashed}\},\text{PlotLegends}\to\text{"Expressions"},$

$\text{AxesStyle}\to\text{Arrowheads}[0.05],\text{Epilog}\to\{\text{PointSize}[0.015],\text{Point}[\{2,\text{Log}[2]\}]\}\,]$

$\text{Out}[1]=\dfrac{1}{2}(-2+x)-\dfrac{1}{8}(-2+x)^2+\dfrac{1}{24}(-2+x)^3-\dfrac{1}{64}(-2+x)^4+\dfrac{1}{160}(-2+x)^5+\text{Log}[2]$

$\text{Out}[2]=$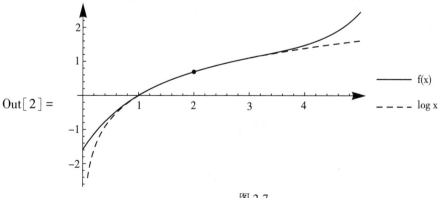

图 2-7

43

本例题作图结果如图 2-7 所示.

说明："PlotStyle"与"PlotLegends"分别为画图命令 Plot 的参数"样式选项"和"图例标签选项".

例 2.2.5　求函数 $f(x) = xe^x$ 的 6 阶麦克劳林公式.

解：$In[1] := Series[x \ e^x, \{x, 0, 6\}]$

$$Out[1] = x + x^2 + \frac{x^3}{2} + \frac{x^4}{6} + \frac{x^5}{24} + \frac{x^6}{120} + O[x]^7$$

2.2.3　曲线的切线和法线

1. 求由显函数给出曲线的切线和法线方程

设曲线 $y = f(x)$，在点 $M(x_0, f(x_0))$ 处的导数 $f'(x_0)$ 存在，该处的切线方程如表 2-1 所示：

表 2-1

计算公式	Mathematica 方法
$y - f(x_0) = f'(x_0)(x - x_0)$	$y-f[x_0] == f'[x_0](x-x_0)$

如果 $f'(x_0) \neq 0$，在点 $M(x_0, f(x_0))$ 处的法线方程的计算方法如表 2-2 所示：

表 2-2

计算公式	Mathematica 方法
$y - f(x_0) = -\dfrac{1}{f'(x_0)}(x - x_0)$	$y-f[x_0] == -\dfrac{1}{f'[x_0]}(x-x_0)$

例 2.2.6　求等边双曲线 $y = \dfrac{1}{x}$ 在点 $\left(\dfrac{1}{2}, 2\right)$ 处的切线斜率，写出该点的切线方程和法线方程，并作图.

解：$In[1] := f[x\_] = \dfrac{1}{x}; x0 = \dfrac{1}{2}; f'[x_0]$

$$y-f[x_0] == f'[x_0](x-x_0)$$

$$y-f[x_0] == -\frac{1}{f'[x_0]}(x-x_0)$$

$Plot[\{f[x], f[x0]+f'[x0](x-x0), f[x0] - \dfrac{1}{f'[x0]}(x-x0)\}, \{x, -4, 4\}, Epilog$

$-> \{Orange, PointSize[Large], Point[\{\dfrac{1}{2}, f[\dfrac{1}{2}]\}]\}, AspectRatio \rightarrow$

$$Automatic, PlotRange \rightarrow \{\{-4,4\}, \{-4,4\}\}, AxesStyle \rightarrow Arrowheads$$
$$[0.05]]$$

Out[1] = -4

Out[2] = $-2 + y == -4(-\frac{1}{2}+x)$

Out[3] = $-2 + y == \frac{1}{4}(-\frac{1}{2}+x)$

Out[4] =

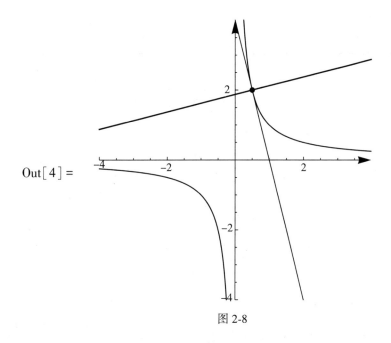

图 2-8

说明：Out[2] 给出的是切线方程；Out[3] 给出的是法线方程，如图 2-8 所示.

2. 求由参数方程给出曲线的切线和法线方程

由参数方程 $\begin{cases} x = x(t), \\ y = y(t) \end{cases}$ 确定的曲线，在点 $M(x(t_0), y(t_0))$ 处的切线方程如表 2-3 所示：

表 2-3

计算公式	Mathematica 方法
$\dfrac{x - x(t_0)}{x'(t_0)} = \dfrac{y - y(t_0)}{y'(t_0)}$	x[t_]:=x(t); y[t_]:=y(t); $\dfrac{x-x[t_0]}{x'[t_0]} == \dfrac{y-y[t_0]}{y'[t_0]}$

由参数方程 $\begin{cases} x = x(t), \\ y = y(t) \end{cases}$ 确定的曲线，在点 M $(x(t_0), y(y_0))$ 处的法线方程如表 2-4 所示：

表 2-4

计算公式	Mathematica 方法
$\dfrac{x - x(t_0)}{y'(t_0)} = -\dfrac{y - y(t_0)}{x'(t_0)}$	x[t_]:=x(t)；y[t_]:=y(t)； $\dfrac{x - x[t_0]}{y'[t_0]} = -\dfrac{y - y[t_0]}{x'[t_0]}$

例 2.2.7　求曲线 $x = x\sin t$，$y = \sin 2t$ 在 $t_0 = \dfrac{\pi}{6}$ 处的切线斜率，写出该点的切线方程和法线方程，并作图.

解：$\text{In}[1]:=\text{x}[\text{t\_}]:=\text{Sin}[\text{t}]；\text{y}[\text{t\_}]:=\text{Sin}[2\text{t}]；\text{t}_0=\dfrac{\pi}{6}；$

$$\frac{x - x[t_0]}{x'[t_0]} = = \frac{y - y[t_0]}{y'[t_0]}$$

$$\frac{x - x[t_0]}{y'[t_0]} = = -\frac{y - y[t_0]}{x'[t_0]}$$

$$\text{s0} = \text{Graphics}[\{\text{PointSize}[\text{Large}], \text{Point}[\{x[t], y[t]\}]\}/.t \to \frac{\pi}{6}\}]；$$

$$\text{s1} = \text{ParametricPlot}[\{x[t], y[t]\}, \{t, 0, 2\text{Pi}\}]；$$

$$\text{s2} = \text{ParametricPlot}[\{x[t0] + x'[t0]t, y[t0] + y'[t0]t\}, \{t, -1, 2\}]；$$

$$\text{s3} = \text{ParametricPlot}[\{x[t0] + y'[t0]t, y[t0] - x'[t0]t\}, \{t, -1, 2\}]；$$

$$\text{Show}[\text{s0}, \text{s1}, \text{s2}, \text{s3}, \text{Axes} \to \text{True}, \text{Frame} \to \text{False}, \text{AspectRatio} \to \text{Automatic}, \text{AxesStyle} \to$$
$$\text{Arrowheads}[0.05], \text{PlotRange} \to \{\{-1, 1.5\}, \{-1, 1.5\}\}]$$

$$\text{Out}[1] = \frac{2(-\dfrac{1}{2} + x)}{\sqrt{3}} = = -\frac{\sqrt{3}}{2} + y$$

$$\text{Out}[2] = -\frac{1}{2} + x = = -\frac{2(-\dfrac{\sqrt{3}}{2} + y)}{\sqrt{3}}$$

Out[3] =

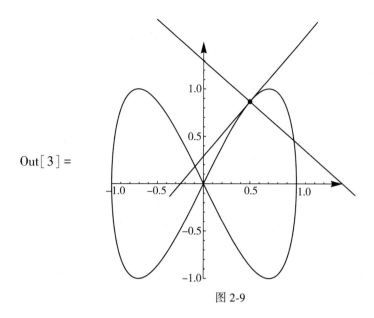

图 2-9

说明：Out[1]是曲线的切线方程，Out[2]是曲线的法线方程，如图 2-9 所示.

3. 求由隐函数给出曲线的切线和法线方程

由参数方程 $F(x, y) = 0$ 确定的曲线，在点 $M(x_0, y_0)$ 处的切线方程如表 2-5 所示：

表 2-5

计算公式	Mathematica 方法
$$\frac{x - x_0}{F_y(x_0, y_0)} = -\frac{y - y_0}{F_x(x_0, y_0)}$$	$$F[x\_, y\_] := F(x, y);$$ $$\frac{x-x_0}{F^{(0,1)}[x_0, y_0]} == -\frac{y-y_0}{F^{(1,0)}[x_0, y_0]}$$

由参数方程 $F(x, y) = 0$ 确定的曲线，在点 $M(x_0, y_0)$ 处的法线方程如表 2-6 所示：

表 2-6

计算公式	Mathematica 方法
$$\frac{x - x_0}{F_x(x_0, y_0)} = \frac{y - y_0}{F_y(x_0, y_0)}$$	$$F[x\_, y\_] := F(x, y);$$ $$\frac{x-x_0}{F^{(1,0)}[x_0, y_0]} == \frac{y-y_0}{F^{(0,1)}[x_0, y_0]}$$

说明：表 2-5 和表 2-6 中 Mathematica 方法里"$F^{(1,0)}[x_0, y_0]$"、"$F^{(0,1)}[x_0, y_0]$"是求导符号：上标 $(1, 0)$ 表示对 x 求导（y 作为常数），即 $F^{(1,0)}[x_0, y_0] = F_x(x_0, y_0)$；上标 $(0, 1)$ 表示对 y 求导（x 作为常数），即 $F^{(0,1)}[x_0, y_0] = F_y(x_0, y_0)$.

例 2.2.8　求曲线 $4x^2 + y^2 = 4$ 在点 $\left(-\dfrac{\sqrt{3}}{2},\ 1\right)$ 处的切线斜率，写出该点的切线方程和法线方程，并作图.

解：$\mathrm{In}[1] := \mathrm{F}[x\_,y\_] := 4x^2 + y^2 - 4 ; x_0 = -\dfrac{\sqrt{3}}{2} ; y_0 = 1 ;$

$$\frac{x-x_0}{\mathrm{F}^{(0,1)}[x\,x_0,y_0]} == -\frac{y-y_0}{\mathrm{F}^{(1,0)}[x_0,y_0]}$$

$$\frac{x-x_0}{\mathrm{F}^{(1,0)}[x_0,y_0]} == \frac{y-y_0}{\mathrm{F}^{(0,1)}[x_0,y_0]}$$

$\mathrm{s0} = \mathrm{Graphics}[\{\mathrm{PointSize}[\mathrm{Large}],\mathrm{Point}[\{x0,y0\}]\}];$

$\mathrm{s1} = \mathrm{ContourPlot}[\mathrm{F}[x,y] == 0,\{x,-2,2\},\{y,-2,2\}];$

$\mathrm{s2} = \mathrm{ContourPlot}\Big[\dfrac{x-x_0}{\mathrm{F}^{(0,1)}[x_0,y_0]} == -\dfrac{y-y_0}{\mathrm{F}^{(1,0)}[x_0,y_0]},\{x,-2,2\},\{y,-2,2\}\Big];$

$\mathrm{s3} = \mathrm{ContourPlot}\Big[\dfrac{x-x_0}{\mathrm{F}^{(1,0)}[x_0,y_0]} == \dfrac{y-y_0}{\mathrm{F}^{(0,1)}[x_0,y_0]},\{x,-2,2\},\{y,-2,2\}\Big];$

$\mathrm{Show}[\mathrm{s0},\mathrm{s1},\mathrm{s2},\mathrm{s3},\mathrm{Axes}\rightarrow\mathrm{True},\mathrm{Frame}\rightarrow\mathrm{False},\mathrm{AspectRatio}\rightarrow\mathrm{Automatic},\mathrm{AxesStyle}\rightarrow$ $\mathrm{Arrowheads}[0.05]]$

$$\mathrm{Out}[1] = \frac{1}{2}\left(\frac{\sqrt{3}}{2}+x\right) == \frac{-1+y}{4\sqrt{3}}$$

$$\mathrm{Out}[2] = -\frac{\frac{\sqrt{3}}{2}+x}{4\sqrt{3}} == \frac{1}{2}(-1+y)$$

$\mathrm{Out}[3] =$

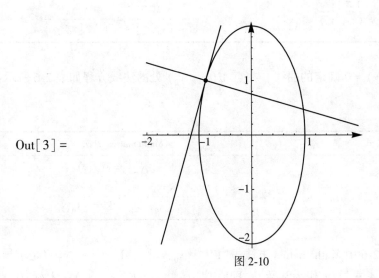

图 2-10

说明：Out[1]是曲线的切线方程，Out[2]是曲线的法线方程，如图 2-10 所示.

2.2.4 函数图形的形状

1. 函数图形的渐近线

(1)直线 $y = b$ 是函数 $f = f(x)$ 图形的水平渐近线，如果有
$$\lim_{x \to \infty} f(x) = b \qquad \text{或} \qquad \lim_{x \to -\infty} f(x) = b;$$

(2)直线 $y = a$ 是函数 $f = f(x)$ 图形的铅直渐近线，如果有
$$\lim_{x \to a^+} f(x) = \pm\infty \qquad \text{或} \qquad \lim_{x \to a^-} f(x) = \pm\infty;$$

(3)直线 $y = kx + b$ 是函数 $f = f(x)$ 图形的斜渐近线，如果有
$$k = \lim_{x \to \infty} \frac{f(x)}{x} \neq 0, \qquad b = \lim_{x \to \infty}(f(x) - kx).$$

例 2.2.9 求函数 $f(x) = \dfrac{x+3}{x+2}$ 的渐近线，并作图.

解：In[11]: = f[x_] = $\dfrac{x+3}{x+2}$;

　　　　　Limit[f[x], x→∞]

　　　　　Limit[f[x], x→-2]

Plot[f[x], {x, -6, 1}, Sequence[PlotLegends→"Expressions", GridLines→{{-2}, {1}}], AxesStyle→Arrowheads[0.05]]

Out[1] = 1

Out[2] = ∞

Out[3] =

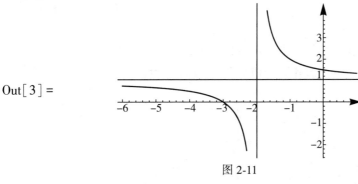

图 2-11

由图 2-11 知，图形的水平渐近线是 $y = 1$；图形的铅直渐近线是 $x = -2$.

例 2.2.10 求函数 $f(x) = \dfrac{2x^2 - 3}{7x + 4}$ 的斜渐近线，并作图.

解：In[1]: = f[x_] = $\dfrac{2x^2-3}{7x+4}$; Limit[$\dfrac{f[x]}{x}$, x→∞]

　　　　Out[1] = $\dfrac{2}{7}$

　　　　In[2]: = Limit[f[x]-%x, x→∞]

　　　　Out[2] = $-\dfrac{8}{49}$

$\mathrm{In[\,3\,]:\,}=\mathrm{Plot}\left[\left\{\mathrm{f[\,x\,]}\,,\dfrac{2}{7}x-\dfrac{8}{49}\right\}\,,\left\{x,-4,4\right\}\,,\mathrm{PlotStyle}\rightarrow\left\{\mathrm{Black\,,Dashed}\right\}\,,\mathrm{Sequence}\right.$

$\left[\mathrm{PlotLegends}\rightarrow\text{" Expressions "}\,,\mathrm{GridLines}\rightarrow\left\{\left\{\left\{-\dfrac{4}{7},\mathrm{Directive}\left[\,\mathrm{Black\,,Thick\,,Dashed}\,\right]\right\}\right\}\,,\right.\right.$

$\left\{\left\{\right\}\right\}\right]\,,\mathrm{AxesStyle}\rightarrow\mathrm{Arrowheads}\left[\,0.05\,\right]\left.\right]$

$\mathrm{Out[\,3\,]}=$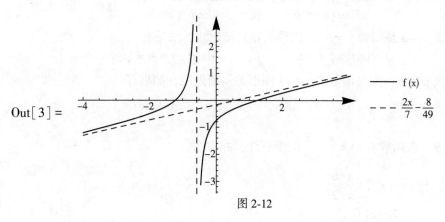

图 2-12

所以图形的斜渐近线是 $y=\dfrac{2}{7}x-\dfrac{8}{49}$，如图 2-12 所示.

2. 利用 Mathematica 有关的命令画函数图形，并讨论函数的单调性、凹凸性、拐点、极值和最值

例 2.2.11　画函数 $f(x)=2\cos x+\sin 2x$ 的图形，并讨论在区间 $[0,2\pi]$ 内的单调区间、极值、凹凸区间、拐点.

解：（1）定义函数并在所给区间上作出函数图像，如图 2-13 所示.

$\mathrm{In[\,1\,]:\,}=\mathrm{f[\,x\_\,]:\,}=2\mathrm{Cos[\,x\,]}+\mathrm{Sin[\,2x\,]}\,;\mathrm{Plot[\,f[\,x\,]\,,\left\{x,0,2\pi\right\}\,]}$

$\mathrm{Out[\,1\,]}=$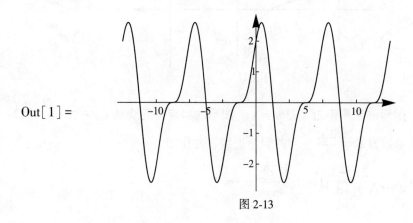

图 2-13

（2）求定义域.

$\mathrm{In[\,2\,]:\,}=\mathrm{FunctionDomain[\,f[\,x\,]\,,x\,]}$

Out[2] = True

因此，定义域为 $(-\infty, \infty)$.

(3) 求截距.

In[3] := f[0]
$\qquad$ Solve[f[x] == 0, x]

Out[3] = 2

Out[4] = $\{\{x \to \text{ConditionalExpression}[-\dfrac{\pi}{2}+2\pi C[1], C[1] \in \mathbb{Z}]\}, \{x \to$

$\text{ConditionalExpression}[\dfrac{\pi}{2}+2\pi C[1], C[1] \in \mathbb{Z}]\}\}$

因此，y 轴的截距是 $f(x) = 2$;

$\qquad$ x 轴的截距是 $2n\pi \pm \dfrac{\pi}{2}$.

(4) 函数 $f(x)$ 的奇偶性和周期性.

In[5] := $\{f[-x] === -f[x], f[-x] === f[x]\}$ (* "===" 为恒等判定 *)
$\qquad$ FunctionPeriod[f[x], x]

Out[5] = {False, False}

Out[6] = 2π

函数 $f(x)$ 既不是奇函数也不是偶函数，函数 $f(x)$ 为周期函数，周期为 2π，只需在 $0 \leq x \leq 2\pi$ 再将其扩展. 以下为求在区间 $[0, 2\pi]$ 内的单调区间、凹凸区间、拐点、极值和最值.

(5) 计算 $f'(x)$ 和 $f''(x)$ 的零点，并作图.

In[6] := sol1 = Solve[D[f[x], x] == 0 && 0 \leq x \leq 2\pi, x]
$\qquad$ sol2 = Solve[D[f[x], \{x, 2\}] == 0 && 0 \leq x \leq 2\pi, x]
$\qquad$ Plot[f[x], \{x, 0, 2\pi\}, Epilog \to \{Red, PointSize[Large], Point[\{x, f[x]\}/.sol1],
Blue, PointSize[Medium], Point[\{x, f[x]\}/.sol2]\}]

Out[6] = $\{\{x \to \dfrac{\pi}{6}\}, \{x \to \dfrac{5\pi}{6}\}, \{x \to \dfrac{3\pi}{2}\}, \{x \to \dfrac{3\pi}{2}\}\}$

Out[7] = $\{x \to \dfrac{\pi}{2}\}, \{x \to \dfrac{3\pi}{2}\}, \{x \to 2\pi-2\text{ArcTan}[4-\sqrt{15}]\}, \{x \to 2\pi-2\text{ArcTan}[4+\sqrt{15}]\}\}$

Out[8] =

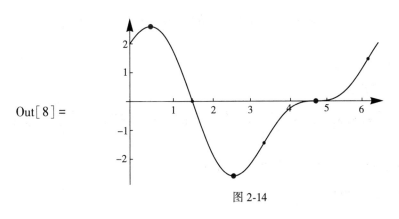

图 2-14

本小题作图结果如图 2-14 所示，这些值依次把 $0 \leqslant x \leqslant 2\pi$ 划分成下列 7 个部分.

$$\left[0, \frac{\pi}{6}\right], \left[\frac{\pi}{6}, \frac{\pi}{2}\right], \left[\frac{\pi}{2}, \frac{5\pi}{6}\right], \left[\frac{5\pi}{6}, 2\pi-2\mathrm{ArcTan}(4+\sqrt{15})\right],$$

$$\left[2\pi-2\mathrm{ArcTan}(4+\sqrt{15}), \frac{3\pi}{2}\right], \left[\frac{3\pi}{2}, 2\pi-2\mathrm{ArcTan}(4-\sqrt{15})\right),$$

$$\left[2\pi-2\mathrm{ArcTan}(4-\sqrt{15}), 2\pi\right].$$

(6) 函数 $f(x)$ 的单调区间:

In[9]:= fi = Reduce[D[f[x],x]>0&&0≤x≤2π] (∗单调递增∗)

　　　fd = Reduce[D[f[x],x]<0&&0≤x≤2π] (∗单调递减∗)

Plot[{Piecewise[{{f[x],fi}},Undefined],Piecewise[{{f[x],fd}},Undefined]},{x, 0,2π},PlotStyle→{Black,Dashed},Epilog→{Red,PointSize[Large],Point[{x,f[x]}/. sol1],Blue,PointSize[Medium],Point[{x,f[x]}/.sol2]},AxesStyle→Arrowheads[0.05], PlotLegends→LineLegend[{"单调递增","单调递减"}]]

$$\mathrm{Out}[9] = 0 \leqslant x < \frac{\pi}{6} \,\|\, \frac{5\pi}{6} < x < \frac{3\pi}{2} \,\|\, \frac{3\pi}{2} < x \leqslant 2\pi$$

$$\mathrm{Out}[10] = \frac{\pi}{6} < x < \frac{5\pi}{6}$$

Out[11] =
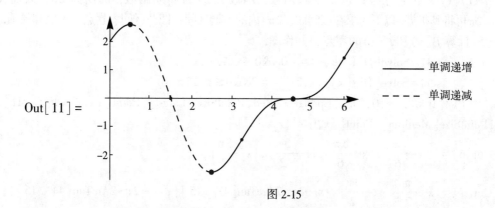

图 2-15

如图 2-15 所示，实线表示函数 $f(x)$ 单调递增，虚线表示函数 $f(x)$ 单调递减.

(7) 函数的极值:

In[12]:= FullSimplify[f″[x]/.sol1]

$$\mathrm{Out}[12] = \{-3\sqrt{3}, 3\sqrt{3}, 0, 0\}$$

结合 (6) 和一阶导数判别法可知: $f\left(\dfrac{\pi}{6}\right) = \dfrac{3\sqrt{3}}{2}$ 是极大值, $f\left(\dfrac{5\pi}{6}\right) = -\dfrac{3\sqrt{3}}{2}$ 是极小值,

$f(x)$ 在 $\dfrac{3\pi}{2}$ 处无极值，仅为一条水平的切线，如图 2-15 所示.

(8) 确定函数的凹凸区间和拐点:

In[13]:= cp=Reduce[D[f[x],{x,2}]>0&&0≤x≤2π](∗凹的∗)

cn=Reduce[D[f[x],{x,2}]<0&&0≤x≤2π](∗凸的∗)

Plot[{Piecewise[{{f[x],cp}},Undefined],Piecewise[{{f[x],cn}},Undefined]},{x,0,2π},AxesStyle→Arrowheads[0.05],PlotStyle→{Black,Dashed},Epilog→{Red,PointSize[Large],Point[{x,f[x]}/. sol1],Blue,PointSize[Medium],Point[{x,f[x]}/. sol2]},PlotLegends→LineLegend[{"凹的","凸的"}]]

Out[13]= $\frac{\pi}{2}<x<2\pi-2\text{ArcTan}[4+\sqrt{15}]$ ‖ $\frac{3\pi}{2}<x<2\pi-2\text{ArcTan}[4-\sqrt{15}]$

Out[14]= $0≤x<\frac{\pi}{2}$ ‖ $2\pi-2\text{ArcTan}[4+\sqrt{15}]<x<\frac{3\pi}{2}$ ‖ $2\pi-2\text{ArcTan}[4-\sqrt{15}]<x≤2\pi$

Out[15]=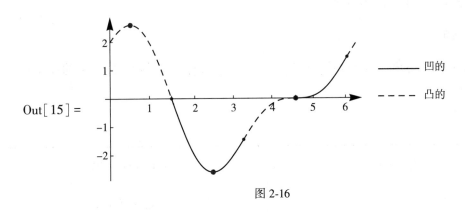

图 2-16

如图 2-16 所示，实线表示函数 $f(x)$ 的凹区间，虚线表示函数 $f(x)$ 的凸区间.

函数的拐点有 4 个，分别在 $x = \frac{\pi}{2}$，$x = \frac{3\pi}{2}$，$x = 2\pi - 2\arctan(4 - \sqrt{15})$，$x = 2\pi - 2\arctan(4 + \sqrt{15})$ 位置.

3. 方程的根

解方程(组)命令有 Solve[eqns,vars] 和 NSolve[lhs==rhs,var]，后者用来给出多项式方程的数值解.

例 2.2.12 求方程 $x^3 + 1.1 x^2 + 0.9x - 1.4 = 0$ 的实根，并作图.

解：In[1]:=f[x_]:=x^3+1.1 x^2+0.9x-1.4

Solve[f[x]==0,x,Reals]

Plot[f[x],{x,-2,2},AxesStyle→Arrowheads[0.05],Epilog→{Black,PointSize[Large],Point[{x,0}]/.%}]

Out[1]={{x→0.670657}}

Out[2] =

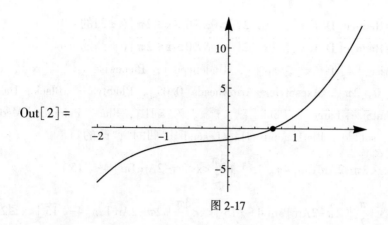

图 2-17

本例题作图结果如图 2-17 所示.

4. 曲线的曲率

（1）设曲线的直角坐标方程是 $y = f(x)$，且 $f(x)$ 具有二阶导数，曲率 K 的计算方法如表 2-7 所示：

表 2-7

计算公式	Mathematica 方法
$\dfrac{\lvert y'' \rvert}{\left(1 + y'^2\right)^{\frac{3}{2}}}$	f[x_] := f(x) ; ArcCurvature [f(x)，x]

例 2.2.13　计算等边双曲线 $xy = 1$ 在点 $(1，1)$ 处的曲率.

解：In[1] : = f[x_] := $\dfrac{1}{x}$;

ArcCurvature $\left[\dfrac{1}{x}, x\right]$

%/.x→1

Out[1] = $\dfrac{2 \, \text{Abs}[x]^3}{\left(1 + x^4\right)^{3/2}}$

Out[2] = $\dfrac{1}{\sqrt{2}}$

（2）求由参数方程给出曲线的曲率.

设曲线由参数方程 $\begin{cases} x = x(t)，\\ y = y(t) \end{cases}$ 给出，曲率 K 的计算方法如表 2-8 所示：

表 2-8

计算公式	Mathematica 方法
$\dfrac{\left\| x'(t)y''(t) - x''(t)y'(t) \right\|}{\left[x'^2(t) + y'^2(t) \right]^{\frac{3}{2}}}$	x[t_]:=x(t); y[t_]:=y(t); ArcCurvature[{x[t], y[t]}, t]

例 2.2.14 求曲线 $x = \cos t$, $y = 2\sin t$ 在 $t = \dfrac{\pi}{2}$ 相应点处的曲率.

解：In[1]:=x[t_]:=Cos[t];y[t_]:=2Sin[t];

ArcCurvature[{x[t],y[t]},t]

$\%/.t \rightarrow \dfrac{\pi}{2}$

Out[1]=$\dfrac{2}{(4\,\text{Cos}[t]^2 + \text{Sin}[t]^2)^{3/2}}$

Out[2]=2

习 题 2.2

1. 将多项式

$$P(x) = x^4 - 5x^3 + x^2 - 3x + 4$$

按 $(x - 4)$ 的幂展开多项式.

2. 将下列函数按 $(x - x_0)$ 的幂展开到含有所指阶数的项为止.

(1) $\sqrt{x}$, $(x - 4)^3$;   (2) $\dfrac{x}{e^x - 1}$, x^4;

(3) $\ln\cos x$, x^6;   (4) $\sqrt{1 - 2x + x^3} - \sqrt[3]{1 - 3x + x^2}$, x^3;

(5) $\dfrac{1}{x}$, $(1 + x)^5$;   (6) $\tan x$, x^5.

3. 当选择怎样的系数 a 和 b 时, $x - (a + b\cos x)\sin x$ 对于 x 为 5 阶无穷小.

4. 求曲线

$$y = (x + 1)\sqrt[3]{3 - x}$$

在下列各点的切线方程、法线方程, 并作图.

(1) $A(-1, 0)$;   (2) $B(2, 3)$;   (3) $C(3, 0)$.

5. 求曲线 $x = 2t - t^2$, $y = 3t - t^3$ 在 $t_0 = 0$ 处的切线斜率, 写出该点的切线方程和法线方程, 并作图.

6. 求曲线 $xy + \ln y = 1$ 在点 $(1, 1)$ 处的切线斜率, 写出该点的切线方程和法线方程, 并作图.

7. 求函数 $f(x) = \sin x + \cos^2 x$ 在区间 $[-\pi, \pi]$ 内的单调区间、凹凸区间、拐点、极值和最值.

8. 求曲线 $y = \dfrac{36x}{(x+3)^2}$ 的渐近线，并作图.

9. 求曲线 $y = (2x - 1)\, \mathrm{e}^{\frac{1}{x}}$ 的渐近线，并作图.

10. 求方程 $x + \mathrm{e}^x = 0$ 的实根，并作图.

11. 计算曲线 $y = x^2 - 4x + 3$ 在点 $(2, -1)$ 处的曲率.

12. 求曲线 $x = \cos t + t\sin t$，$y = \sin t - t\cos t$ 在 $t = t_0$ 相应点处的曲率.

第 3 章　积　　分

3.1　积分

3.1.1　积分模型

例 3.1.1　定积分模型：用软件 Mathematica 生成人机互动的对象(图 3-1)．改变区间数、求和方法和函数，观察积分的近似值和误差的绝对值变化，研究函数的定积分．

解：结果请扫图 3-1 右侧二维码查看．

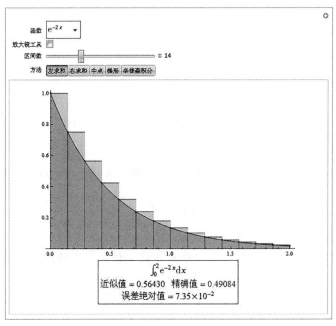

图 3-1

例 3.1.2　微积分基本定理模型：用软件 Mathematica 生成人机互动的对象(图 3-2)．改变积分上限，观察净面积、面积正值和面积负值的变化，研究变上限积分函数．

解：结果请扫图 3-2 右侧二维码查看．

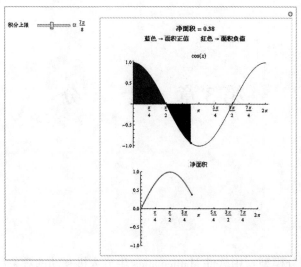

图 3-2

3.1.2 求积分

1. 求不定积分

求不定积分，命令的语法格式：

$$\text{Integrate}[f,x] \quad \text{或} \quad \int f dx$$

Integrate 指令的符号形式为 $\int$，可以用数学助手面板或者 $\boxed{\text{ESC}}$ int $\boxed{\text{ESC}}$ 转义序列录入符号形式，它们之间可以互换使用.

说明：（1）用 $\int f dx$ 求不定积分，其中 d 并非键盘中的 d，如果用键盘录入，$\boxed{\text{ESC}}$ int $\boxed{\text{ESC}}$ 得到积分符号 $\int$，$\boxed{\text{ESC}}$ dd $\boxed{\text{ESC}}$ 得到符号 d.

（2）Mathematica 只给出被积函数的一个原函数，不加常数 C.

（3）对于在函数中出现的除积分变量外的参数，在计算中统统当作常数处理. 需注意的是，该参数与积分变量之间要空一格.

例 3.1.3 计算下列不定积分.

（1）$\int x \ln x dx$;

（2）$\int \sin(\ln x) dx$;

（3）$\int e^x \sin 3x dx$;

（4）$\int \tan x^5 \sec x^3 dx$;

（5）$\int \frac{1}{\sqrt{x^2+a^2}} dx (a>0)$;

（6）$\int \frac{1}{x\sqrt{4x^2+9}} dx$;

（7）$\int \frac{x^3}{(x^2-2x+2)} dx$;

（8）$\int \frac{x\sqrt{1+x^2}}{2+11x^2} dx$.

解：In[1]:=Integrate[x Log[x],x]

$$\int Sin[Log[x]]dx$$

$$\int e^x Sin[x]dx$$

$$\int Tan[x]^5 Sec[x]^5 dx$$

$$Out[1]=-\frac{x^2}{4}+\frac{1}{2}x^2 Log[x]$$

$$Out[2]=-\frac{1}{2}xCos[Log[x]]+\frac{1}{2}x\,Sin[Log[x]]$$

$$Out[3]=\frac{e^x(-Cos[x]+Log[e]Sin[x])}{1+Log[e]^2}$$

$$Out[4]=\frac{Sec[x]^5}{5}-\frac{2Sec[x]^7}{7}+\frac{Sec[x]^9}{9}$$

说明：遇到三角函数时首字母大写，"Log[x]"表示以 e 为底 x 的对数，"Log[a,x]"表示以 a 为底 x 的对数.

In[5]:=$\int\frac{1}{\sqrt{x^2+a^2}}dx$

$$\int\frac{1}{x\sqrt{x^2+9}}dx$$

$$\int\frac{x^3}{(x^2-2x+2)^2}dx$$

$$\int\frac{x\sqrt{1+x^2}}{2+11x^2}dx$$

$$Out[5]=Log[x+\sqrt{a^2+x^2}]$$

$$Out[6]=\frac{Log[x]}{3}-\frac{1}{3}Log[3+\sqrt{9+x^2}]$$

$$Out[7]=-\frac{x}{2-2x+x^2}-2ArcTan[1-x]+\frac{1}{2}Log[2-2x+x^2]$$

$$Out[8]=\frac{1}{121}(11\sqrt{1+x^2}-3\sqrt{11}ArcTanh[\frac{\sqrt{11}}{3}\sqrt{1+x^2}])$$

Mathematica 具有强大的符号运算功能，学会使用该软件后，积分的换元法和分部积分法等各种运算技巧就显得微不足道了.

例 3.1.4 求不定积分 $\int(ax^2+bx+c)dx$.

解：In[1]:=$\int(a x^2+b x+c)dx$

$$Out[1]=c\,x+\frac{b x^2}{2}+\frac{a x^3}{3}$$

说明：命令 Integrate 假定，不显含积分变量的对象是与积分变量无关的，被作为常数处理. 因此，例 3.1.4 中，a、b 和 c 均被假定为常数.

例 3.1.5 计算不定积分 $\int |x| \, dx$.

解：In[1] := Integrate[Abs[x], x, Assumptions→x ∈ Reals]

$$\text{Out}[1] = \begin{cases} -\dfrac{x^2}{2} & x \leq 0 \\ \dfrac{x^2}{2} & \text{True} \end{cases}$$

说明：Assumptions 是积分命令里的条件参数选项，指定按假设条件来计算积分；这里"x ∈ Reals"表示 x 为实数. x 的取值分类：Reals（实数集合）、Integers（整数集合）、Complexes（复数集合）、Algebraics（代数集合）、Primes（素数集合）、Rationals（有理数集合）、Booleans（布尔域，只有 Ture 或 False）.

例 3.1.6 计算不定积分 $\int x g''(x) \, dx$.

解：In[1] := $\int$ x * g''[x] dx

Out[1] = -g[x] + xg'[x]

说明：Mathematica 也可以对抽象函数求某些积分.

2. 求定积分

求定积分，命令的语法格式及意义：

$$\text{Integrate}[f, \{x, x_{\min}, x_{\max}\}] \qquad \text{计算定积分} \int_{x_{\min}}^{x_{\max}} f \, dx.$$

或利用工具栏按钮 $\int_{\square}^{\square} \square \, d\square$ 输入被积函数和积分变量，来求函数的定积分. 对于"积不出"的被积函数，Integrate[ ] 不能给出定积分的结果，这时 Mathematica 可以给出定积分的数值解，其命令的语法格式及意义：

$$\text{NIntegrate}[f, \{x, x_{\min}, x_{\max}\}] \qquad \text{计算定积分} \int_{x_{\min}}^{x_{\max}} f \, dx \text{ 的数值解.}$$

例 3.1.7 计算下列积分，并作出相应图形.

(1) $\int_0^1 x^2 \, dx$;   (2) $\int_{-1}^3 (x^3 - 6x) \, dx$.

解：In[1] := Integrate[x^2, {x, 0, 1}]

Out[1] = $\dfrac{1}{3}$

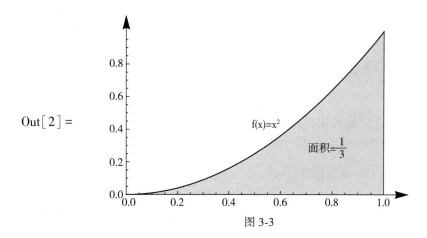

Out[2]=

图 3-3

题(1)作图结果如图 3-3 所示.

In[3]:= $\int_{-1}^{3} (x^3 - 6x)\,dx$

Out[3] = -4

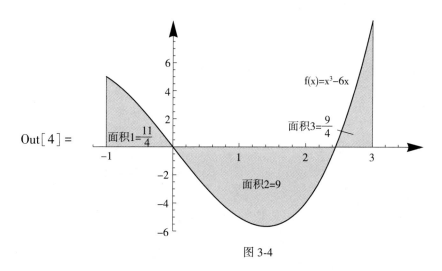

Out[4]=

图 3-4

题(2)作图结果如图 3-4 所示.

例 3.1.8 计算下列积分.

(1) $\int_0^4 \dfrac{1}{\sqrt{2x+1}}dx$;　　　　(2) $\int_0^a \sqrt{a^2 - x^2}\,dx$;　　　　(3) $\int_0^1 \arcsin x \, dx$.

解: In[1]:=Integrate$\left[\dfrac{1}{\sqrt{2x+1}}, \{x, 0, 4\}\right]$

Out[1] = 2

In[2]:=Integrate$\left[\sqrt{a^2-x^2}, \{x, 0, a\}\right]$

$$\text{Out}[2] = \frac{a^2}{4}\pi$$

$$\text{In}[3] := \text{Integrate}[\text{ArcSin}[x], \{x, 0, 1\}]$$

$$\text{Out}[3] = \frac{-2+\pi}{2}$$

说明：（1）例 3.1.8(1)是利用直接积分法，例 3.1.8(2)是利用换元法或者分部积分法求解. 无论是利用哪种方法求解，应用 Mathematica 软件都可以一步求出结果. 学生可以练习使用按钮 $\int_{\square}^{\square} \square \mathrm{d}\square$ 来直接计算定积分，其结果同上.

（2）计算定积分和计算不定积分是同一个 Integrate 函数，在计算定积分时，除了要给出变量外还要给出积分的上下限. NIntegrate 也是计算定积分的函数，其使用方法和 Integrate 函数相同. Integrate 按牛顿-莱布尼茨公式 $\int_a^b f(x)\mathrm{d}x = F(b) - F(a)$ 计算定积分得到的是准确解，NIntegrate 用数值积分公式计算定积分得到的是近似数值解.

定积分的计算是高等数学的重要内容，有些定积分的计算可以直接应用牛顿-莱布尼茨公式或者应用换元积分法和分部积分法求解，但对于一些被积函数较复杂的复合函数，求解起来相对繁琐，应用软件求解就会容易很多.

例 3.1.9 计算下列定积分.

（1）$\int_0^4 \frac{x+2}{\sqrt{2x+1}}\mathrm{d}x$； （2）$\int_1^2 \sin(\ln x)\mathrm{d}x$； （3）$\int_a^b x\sin(cx)\mathrm{d}x$.

解：$\text{In}[1] := \int_0^4 \frac{x+2}{\sqrt{2x+1}}\mathrm{d}x$

$$\int_1^2 \text{Sin}[\text{Log}[x]]\mathrm{d}x$$

$$\int_a^b x\text{Sin}[cx]\mathrm{d}x$$

$$\text{Out}[1] = \frac{22}{3}$$

$$\text{Out}[2] = \frac{1}{2} - \text{Cos}[\text{Log}[2]] + \text{Sin}[\text{Log}[2]]$$

$$\text{Out}[3] = \frac{ac\,\text{Cos}[ac] - bc\,\text{Cos}[bc] - \text{Sin}[ac] + \text{Sin}[bc]}{c^2}$$

例 3.1.10 计算定积分 $\int_0^2 \sin(\sin x)\mathrm{d}x$.

解：$\text{In}[1] := \int_0^2 \text{Sin}[\text{Sin}[x]]\mathrm{d}x$

$$\text{Out}[1] = \int_0^2 \text{Sin}[\text{Sin}[x]]\mathrm{d}x$$

$$\text{In}[2] = \text{NIntegrate}[\text{Sin}[\text{Sin}[x]], \{x, 0, 2\}]$$

$$\text{Out}[2] = 1.24706$$

说明：因为 $\int_0^2 \sin(\sin x)\mathrm{d}x$ "积不出来"，这时可以点击"建议栏"的数值积分用 NIntegrate[f, {x, x_{min}, x_{max}}] 给出定积分的数值解，操作十分方便.

例 3.1.11 计算定积分 $\int_0^1(\cos^2 x + \sin^3 x)\mathrm{d}x$.

解：In[1] := $\int_0^1(\mathrm{Cos}[\,x\,]^2 + \mathrm{Sin}[\,x\,]^3)\,\mathrm{d}x$

Out[1] = $\dfrac{1}{12}(14 - 9\mathrm{Cos}[\,1\,] + \mathrm{Cos}[\,3\,] + 3\mathrm{Sin}[\,2\,])$

In[2] := N[$\dfrac{1}{12}(14 - 9\mathrm{Cos}[\,1\,] + \mathrm{Cos}[\,3\,] + 3\mathrm{Sin}[\,2\,])$]

Out[2] = 0.906265

说明：在 Out[1] 点击"建议栏"的数值自动生成 In[2] 和 Out[2]，且精度可自行设置.

例 3.1.12 计算下列反常积分.

(1) $\int_{-\infty}^{+\infty} \dfrac{1}{1 + x^2}\mathrm{d}x$;

(2) $\int_{-1}^{3} \dfrac{1}{x - 1}\mathrm{d}x$;

(3) $\int_0^a \dfrac{1}{\sqrt{a^2 - x^2}}\mathrm{d}t\ (a > 0)$;

(4) $\int_1^3 \dfrac{1}{\ln x}\mathrm{d}x$.

解：In[1] := $\int_{-\infty}^{\infty} \dfrac{1}{1 + x^2}\mathrm{d}x$

$\int_{-1}^{3} \dfrac{1}{x - 1}\mathrm{d}x$

Integrate[$\dfrac{1}{\sqrt{a^2 - x^2}}$, {x, 0, a}, Assumptions→a>0]

$\int_1^3 \dfrac{1}{\mathrm{Log}[\,x\,]}\mathrm{d}x$

Out[1] = π

Integrate::idiv: $\dfrac{1}{-1+x}$ 的积分在 {-1, 3} 上不收敛. ≫

Out[2] = $\int_{-1}^{3} \dfrac{1}{-1+x}\mathrm{d}x$

Out[3] = $\dfrac{\pi}{2}$

Integrate::idiv: $\dfrac{1}{\mathrm{Log}[\,x\,]}$ 的积分在 {1, 3} 上不收敛. ≫

Out[4] = $\int_1^3 \dfrac{1}{\mathrm{Log}[\,x\,]}\mathrm{d}x$

说明：第(2)、(4)小题，反常积分发散，这时出现提示，返回的只是原输入式的输出形式.

定积分的计算中也会出现积分上限函数的知识点，包括积分上限函数求导与洛必达法则求极限都有涉及，运用 Mathematica 软件可以轻松求解.

例 3.1.13　对下列积分上限函数求导.

(1) $\dfrac{\mathrm{d}}{\mathrm{d}x}\displaystyle\int_0^x \cos t\,\mathrm{d}t$；　　　　　(2) $\dfrac{\mathrm{d}}{\mathrm{d}x}\displaystyle\int_x^{x^2} \sin t\,\mathrm{d}t$.

解：$\mathrm{In}[1]:=\mathrm{D}\Big[\displaystyle\int_0^x \mathrm{Cos}[t]\,\mathrm{d}t,x\Big]$

$\qquad\qquad\mathrm{D}\Big[\displaystyle\int_x^{x^2}\mathrm{Sin}[t]\,\mathrm{d}t,x\Big]$

$\quad\mathrm{Out}[1]=\mathrm{Cos}[x]$

$\quad\mathrm{Out}[2]=-\mathrm{Sin}[x]+2x\mathrm{Sin}[x^2]$

例 3.1.14　求极限.

(1) $\displaystyle\lim_{x\to 0}\dfrac{\displaystyle\int_0^x \sin t\,\mathrm{d}t}{x^2}$；　　　　　(2) $\displaystyle\lim_{x\to 1}\dfrac{\displaystyle\int_1^{x^2}(t-1)\,\mathrm{d}t}{(x-1)^2}$.

解：$\mathrm{In}[1]:=\mathrm{Limit}\Big[\dfrac{\displaystyle\int_0^x \mathrm{Sin}[t]\,\mathrm{d}t}{x^2},x\to 0\Big]$

$\qquad\qquad\mathrm{Limit}\Big[\dfrac{\displaystyle\int_1^{x^2}(t-1)\,\mathrm{d}t}{(x-1)^2},x\to 1\Big]$

$\quad\mathrm{Out}[1]=\dfrac{1}{2}$

$\quad\mathrm{Out}[2]=2$

由以上例题可以看出，Mathematica 计算积分比计算导数困难得多，计算被积函数的原函数无一定的法则和步骤可循，要根据具体函数进行特殊处理，对系统而言，体现的是人工智能水平. 而微分的理论基础是复合函数和链式法则，这两个性质的逻辑清晰，在计算机上易于实现，因此，进行微分运算几乎畅通无阻.

习 题 3.1

1. 计算下列不定积分(其中 a 为常数).

(1) $\displaystyle\int \dfrac{1}{x^3}\mathrm{d}x$；　　　　　(2) $\displaystyle\int \tan^2 x\,\mathrm{d}x$；

(3) $\displaystyle\int \dfrac{1}{a^2+x^2}\mathrm{d}x$；　　　　　(4) $\displaystyle\int \cos 3x\cos 2x\,\mathrm{d}x$；

(5) $\displaystyle\int \sqrt{a^2-x^2}\,\mathrm{d}x$；　　　　　(6) $\displaystyle\int \dfrac{x^3}{(x^2-2x+2)^2}\mathrm{d}x$；

$(7) \int \dfrac{1}{x} \sqrt{\dfrac{1+x}{x}} \mathrm{d}x$;　　　　　　$(8) \int \dfrac{1}{x\sqrt{4x^2+9}} \mathrm{d}x$;

$(9) \int \dfrac{\ln\ln x}{x} \mathrm{d}x$;　　　　　　$(10) \int \max\{1, x^2\} \mathrm{d}x$.

2. 计算下列定积分.

$(1) \displaystyle\int_0^1 (3x^2 - x + 1) \mathrm{d}x$;　　　　$(2) \displaystyle\int_0^1 \cos x \mathrm{d}x$;

$(3) \displaystyle\int_0^1 \sqrt{x}(1 + \sqrt{x}) \mathrm{d}x$;　　　$(4) \displaystyle\int_0^{\frac{\pi}{2}} \cos^3 x \sin x \mathrm{d}x$;

$(5) \displaystyle\int_0^{\ln 2} \sqrt{\mathrm{e}^x - 1} \mathrm{d}x$;　　　　$(6) \displaystyle\int_1^2 x \ln x \mathrm{d}x$;

$(7) \displaystyle\int_0^{2\pi} |\sin x| \mathrm{d}x$;　　　　$(8) \displaystyle\int_1^{\mathrm{e}} \sin(\ln x) \mathrm{d}x$;

$(9) \displaystyle\int_0^2 f(x) \mathrm{d}x$, 其中 $\begin{cases} x + 1, & x \leqslant 1, \\ \dfrac{1}{2} x^2, & x > 1; \end{cases}$

$(10) \displaystyle\int_1^{+\infty} \dfrac{1}{x^4} \mathrm{d}x$;　　　$(11) \displaystyle\int_0^{+\infty} \dfrac{1}{(1+x)(1+x^2)} \mathrm{d}x$;

$(12) \displaystyle\int_1^2 \dfrac{x}{\sqrt{x-1}} \mathrm{d}x$;　　　$(13) \displaystyle\int_0^{\frac{\pi}{2}} \ln\sin x \mathrm{d}x$.

3. 计算下列各导数.

$(1) \dfrac{\mathrm{d}}{\mathrm{d}x} \displaystyle\int_0^{x^2} \sqrt{t^2 + 1} \mathrm{d}t$;　　　$(2) \dfrac{\mathrm{d}}{\mathrm{d}x} \displaystyle\int_x^{x^2} \dfrac{\sin t}{t} \mathrm{d}t$;

$(3) \dfrac{\mathrm{d}}{\mathrm{d}x} \displaystyle\int_0^{\cos x} t^2 \mathrm{d}t$;　　　$(4) \dfrac{\mathrm{d}}{\mathrm{d}x} \displaystyle\int_{\sin x}^{\cos x} \cos\pi t^2 \mathrm{d}t$.

4. 求下列极限.

$(1) \displaystyle\lim_{x \to 0} \int_0^x t^2 \mathrm{d}t$;　　　　$(2) \displaystyle\lim_{x \to 0} \dfrac{\displaystyle\int_0^x t^2 \mathrm{d}t}{x}$;

$(3) \displaystyle\lim_{x \to 0} \dfrac{\displaystyle\int_0^x \cos t^2 \mathrm{d}t}{x}$;　　$(4) \displaystyle\lim_{x \to \infty} \dfrac{\displaystyle\int_0^{x^2} \sqrt{1 + t^4} \mathrm{d}t}{x^6}$.

3.2　定积分的应用

3.2.1　求曲线的弧长

求曲线的弧长, 命令语法格式及意义:

ArcLength[reg]　　给出一维区域 reg 的长度.

例 3.2.1 求曲线段 $y(x) = x^{\frac{3}{2}} - 1 \, (0 \leqslant x \leqslant 1)$ 的弧长.

解：方法一（用 ArcLength 计算）：

In[1]:= ArcLength$\left[x^{\frac{3}{2}} - 1, \{x, 0, 1\} \right]$

Out[1]= $\frac{1}{27}(-8 + 13\sqrt{13})$

方法二（用弧长计算公式 $\int_a^b \sqrt{1 + y'(x)^2} \, \mathrm{d}x$ 计算）：

In[2]:= y[x_]:= $x^{\frac{3}{2}} - 1$; $\int_0^1 \sqrt{1 + y'[x]^2} \, \mathrm{d}x$

Out[2]= $\frac{1}{27}(-8 + 13\sqrt{13})$

In[3]:= N$\left[\frac{1}{27}(-8 + 13\sqrt{13}) \right]$

Out[3]= 1.43971

说明：在 Out[2] 中点击"建议栏"的数值，自动生成 In[3] 和 Out[3].

例 3.2.2 计算椭圆 $\dfrac{x^2}{9} + \dfrac{y^2}{4} = 1$ 的周长.

解：In[1]:= ArcLength$\left[\text{ImplicitRegion}\left[\dfrac{x^2}{9} + \dfrac{y^2}{4} == 1, \{x, y\} \right] \right]$

Out[1]= 12EllipticE$\left[\dfrac{5}{9} \right]$

In[2]:= N$\left[12\text{EllipticE}\left[\dfrac{5}{9} \right] \right]$

Out[2]= 15.8654

说明：ImplicitRegion 表示隐式区域.

例 3.2.3 计算摆线（图 3-5）

$$\begin{cases} x = a(\theta - \sin\theta), \\ y = a(1 - \cos\theta) \end{cases}$$

的一拱（$0 \leqslant \theta \leqslant 2\pi$）的长度.

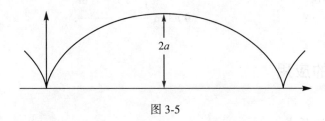

图 3-5

解：方法一（用 ArcLength 计算）：

In[1]:= ArcLength[ParametricRegion[{a(θ−Sin[θ]), a(1−Cos[θ])}, {{θ, 0,

$2\pi\}\}]$, Assumptions→a>0]

  Out[1]=8a

方法二(用参数方程弧长计算公式 $\int_a^b \sqrt{x'[\theta]^2 + y'[\theta]^2}\,\mathrm{d}\theta$ 计算):

  In[2]:=x[θ_]:=a(θ−Sin[θ]);y[θ_]:=a(1−Cos[θ]);

    Integrate[$\sqrt{x'[\theta]^2+y'[\theta]^2}$,{θ,0,2π},Assumptions→a>0]

  Out[2]=8a

例 3.2.4 求心形线(图 3-6) $r = a(1 + \cos\theta)$ 的全长 $(a > 0)$.

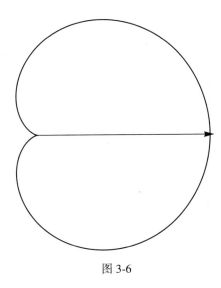

图 3-6

解:方法一(用 ArcLength 计算):

In[1]:=ArcLength[{a(1+Cos[θ]),θ},{θ,0,2π},"Polar",Assumptions→a>0]

Out[2]=8a

方法二(用极坐标弧长计算公式 $\int_a^b \sqrt{r[\theta]^2 + r'[\theta]^2}\,\mathrm{d}\theta$ 计算):

In[2]:=r[θ_]:=a(1+Cos[θ]);

  Integrate[$\sqrt{r[\theta]^2+r'[\theta]^2}$,{θ,0,2π},Assumptions→a>0]

Out[2]=8a

3.2.2 求面积

求面积,命令语法格式及意义:

Area[reg]   给出二维区域 reg 的面积.

1. 平面图形的面积

例 3.2.5 计算抛物线 $y^2 = x$ 与 $y = x^2$ 所围成的图形的面积,并绘制区域图形.

解：方法一（用 Area 计算）：

In［1］: = Area［ImplicitRegion［x² < y < √x，{x, y}］］

Out［1］= $\frac{1}{3}$

方法二（用定积分计算）：

In［2］: = ineq = x² < y < √x；Integrate［Boole［x² < y < √x］，{x, −∞, ∞}，{y, −∞, ∞}］

RegionPlot［ineq，{x, 0, 1}，{y, 0, 1}］

Out［2］= $\frac{1}{3}$

Out［3］=

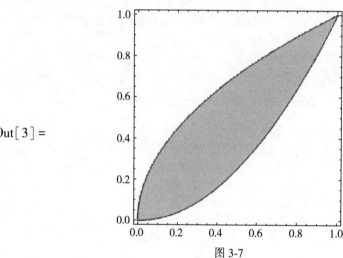

图 3-7

本例题绘制区域图形结果如图 3-7 所示.

例 3.2.6 计算椭圆 $\dfrac{x^2}{a^2} + \dfrac{y^2}{b^2} = 1$ 所围成的图形的面积.

解：In［1］: = Area［ImplicitRegion［$\dfrac{x^2}{a^2} + \dfrac{y^2}{b^2}$ <= 1，{x, y}］，Assumptions→{a>0, b>0}］

Out［1］= abπ

2. 极坐标系下平面图形的面积

在极坐标系下，计算由曲线 $\rho = \varphi(\theta)$ 及射线 $\theta = \alpha$，$\theta = \beta$ 围成的平面图形面积（$\varphi(\theta)$ 在 $[\alpha, \beta]$ 连续，且 $\varphi(\theta) \geq 0$），其方法为：

$$\int_{\alpha}^{\beta} \frac{1}{2} [\varphi(\theta)]^2 \mathrm{d}\theta$$

例 3.2.7 计算阿基米德螺线

$$\rho = a\theta \quad (a > 0)$$

上相应于 θ 从 0 到 2π 的一段弧与极轴所围成的图形（图 3-8）的面积.

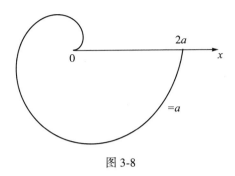

图 3-8

解： $\text{In}[1]:=\text{Integrate}\left[\dfrac{1}{2}(a\theta)^2,\{\theta,0,2\pi\},\text{Assumptions}\to a>0\right]$

$\text{Out}[2]=\dfrac{4\,a^2\pi^3}{3}$

3. 旋转曲面的面积

1）由曲线 $y=f(x)$ 给出的旋转曲面

（1）设曲线 $y=f(x)(a\leqslant x\leqslant b)(f(x)\geqslant 0)$，绕 x 轴旋转的旋转曲面的面积如表 3-1 所示：

表 3-1

计算公式	Mathematica 方法
$2\pi\displaystyle\int_a^b f(x)\sqrt{1+[f'(x)]^2}\,\mathrm{d}x$	$\text{f}[\text{x\_}]=\text{expr};\ 2\pi\displaystyle\int_a^b \text{f}[\text{x}]\sqrt{1+\text{f}'[\text{x}]^2}\,\mathrm{d}x$
	$\text{f}[\text{x\_}]=\text{expr};$ $2\pi\text{NIntegrate}\left[\text{f}[\text{x}]\sqrt{1+\text{f}'[\text{x}]^2},\{\text{x},\ a,\ b\}\right]$

例 3.2.8 求曲线段 $f(x)=\sin x\left(0\leqslant x\leqslant\dfrac{\pi}{2}\right)$ 绕 x 轴旋转的旋转曲面的面积，并作图.

解： $\text{In}[1]:=\text{f}[\text{x\_}]:=\text{Sin}[\text{x}];$

$2\pi\displaystyle\int_0^{\frac{\pi}{2}}\text{f}[\text{x}]\sqrt{1+\text{f}'[\text{x}]^2}\,\mathrm{d}x$

$\left\{\text{Plot}\left[\text{f}[\text{x}],\{\text{x},0,\dfrac{\pi}{2}\}\right],\text{RevolutionPlot3D}\left[\text{f}[\text{x}],\{\text{x},0,\dfrac{\pi}{2}\},\right.\right.$

$\left.\left.\text{RevolutionAxis}\to\{1,0,0\},\text{ViewPoint}\to\text{Front}\right]\right\}$

$\text{Out}[1]=\pi(\sqrt{2}+\text{ArcSinh}[1])$

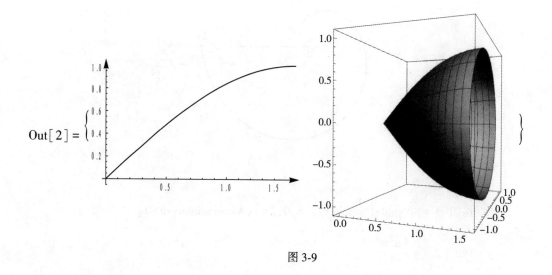

图 3-9

本例题作图结果如图 3-9 所示.

（2）设曲线 $y = f(x)\,(0 \leqslant a \leqslant x \leqslant b)$，绕 y 轴旋转的旋转曲面的面积如表 3-2 所示：

表 3-2

计算公式	Mathematica 方法
$2\pi\displaystyle\int_a^b x\sqrt{1+[f'(x)]^2}\,dx$	$f[x\_] = expr;\ 2\pi\displaystyle\int_a^b x\sqrt{1+f'[x]^2}\,dx$
	$f[x\_] = expr;$ $2\pi NIntegrate[x\sqrt{1+f'[x]^2},\ \{x,\ a,\ b\}]$

例 3.2.9 求曲线段 $f(x) = \sin x^2\,(0 \leqslant x \leqslant \dfrac{\pi}{2})$ 绕 y 轴旋转的旋转曲面的面积，并作图.

解：$In[1]:= f[x\_]:=Sin[x]^2;$

$2\pi NIntegrate[x\sqrt{1+f'[x]^2},\{x,0,\dfrac{\pi}{2}\}]$

$\{Plot[f[x],\{x,0,\dfrac{\pi}{2}\}],RevolutionPlot3D[f[x],\{x,0,\dfrac{\pi}{2}\},$

$RevolutionAxis\rightarrow\{0,0,1\},ViewPoint\rightarrow Front]\}$

$Out[1] = 9.42596$

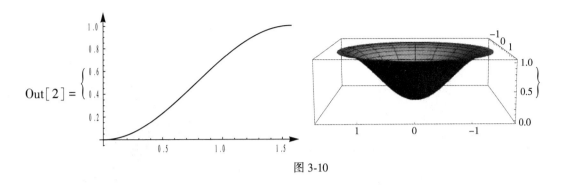

$$\text{Out}[2] = \left\{ \right.$$

图 3-10

本例题作图结果如图 3-10 所示.

2)由参数方程确定的曲线给出的旋转曲面

设由参数方程 $\begin{cases} x = x(t), \\ y = y(t) \end{cases}$ $(\alpha \leqslant t \leqslant \beta)(y \geqslant 0)$ 确定的曲线，绕 x 轴旋转的旋转曲面的面积如表 3-3 所示：

表 3-3

计算公式	Mathematica 方法
$2\pi \displaystyle\int_a^b y(x) \sqrt{[x'(t)]^2 + [y'(t)]^2}\,dx$	$\text{x}[\text{t}_-]:=\text{x}(\text{t})\,;\ \text{y}[\text{t}_-]:=\text{y}(\text{t})\,;$ $2\pi \displaystyle\int_\alpha^\beta \text{y}[\text{t}]\sqrt{\text{x}'[\text{t}]^2+\text{y}'[\text{t}]^2}\,dt$
	$\text{x}[\text{t}_-]:=\text{x}(\text{t})\,;\ \text{y}[\text{t}_-]:=\text{y}(\text{t})\,;$ $2\pi\text{NIntegrate}[\text{y}[\text{t}]\sqrt{\text{x}'[\text{t}]^2+\text{y}'[\text{t}]^2},\ \{\text{t},\ \alpha,\ \beta\}]$

例 3.2.10 （球面面积）求曲线 $x = \cos t,\ y = \sin t (0 \leqslant t \leqslant \pi)$ 绕 x 轴旋转的旋转曲面的面积，并作图.

解：$\text{In}[1]:=\text{x}[\text{t}_-]:=\text{Cos}[\text{t}]\,;\text{y}[\text{t}_-]:=\text{Sin}[\text{t}]\,;$

$2\pi \displaystyle\int_0^\pi \text{y}[\text{t}]\sqrt{\text{x}'[\text{t}]^2+\text{y}'[\text{t}]^2}\,dt$

$\{\text{ParametricPlot}[\{\text{x}[\text{t}],\text{y}[\text{t}]\},\{\text{t},0,\text{Pi}\},\text{AxesOrigin}\rightarrow\{0,0\}],$

$\text{RevolutionPlot3D}[\{\text{x}[\text{t}],\text{y}[\text{t}]\},\{\text{t},0,\text{Pi}\},\text{RevolutionAxis}\rightarrow\{1,0,0\}]\}$

$\text{Out}[1]=4\pi$

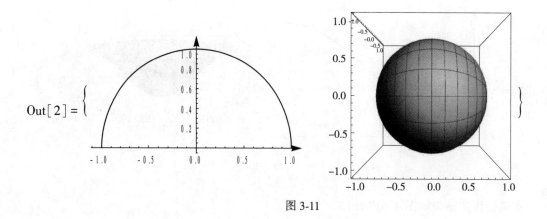

$$\text{Out}[\,2\,] = \left\{ \qquad\qquad\qquad\qquad\qquad\qquad\qquad\qquad\qquad\qquad\qquad\qquad\qquad \right\}$$

图 3-11

本例题作图结果如图 3-11 所示.

设由参数方程 $\begin{cases} x = x(t), \\ y = y(t) \end{cases}$ $(\alpha \leqslant t \leqslant \beta)(x \geqslant 0)$ 确定的曲线, 绕 y 轴旋转的旋转曲面的

面积如表 3-4 所示：

表 3-4

计算公式	Mathematica 方法
$2\pi \displaystyle\int_a^b x(x)\sqrt{[x'(t)]^2 + [y'(t)]^2}\,\mathrm{d}x$	$x[\,t\_\,] := x(t)\,;\ y[\,t\_\,] := y(t)\,;$ $2\pi \displaystyle\int_\alpha^\beta x[\,t\,]\sqrt{x'[\,t\,]^2 + y'[\,t\,]^2}\,\mathrm{d}t$
	$x[\,t\_\,] := x(t)\,;\ y[\,t\_\,] := y(t)\,;$ $2\pi\text{NIntegrate}[\,x[\,t\,]\sqrt{x'[\,t\,]^2 + y'[\,t\,]^2},\ \{t,\ \alpha,\ \beta\}\,]$

例 3.2.11　求圆 $(x-1)^2 + y^2 = 0.5^2$ 绕 y 轴旋转的旋转曲面的面积, 并作图.

解：该圆的参数方程为：$x(t) = 1 + 0.5\cos t,\ y(t) = 0.5\sin t (0 \leqslant t \leqslant 2\pi)$

In[1] := x[t_] := 1+0.5Cos[t]; y[t_] := 0.5Sin[t]

$$2\pi \int_0^{\frac{\pi}{2}} x[\,t\,]\sqrt{x'[\,t\,]^2 + y'[\,t\,]^2}\,\mathrm{d}t$$

{ParametricPlot[{x[t],y[t]}, {t,0,2Pi}, AxesOrigin→{0,0}],

RevolutionPlot3D[{x[t],y[t]}, {t,0,2Pi}, RevolutionAxis→{0,0,1}]}

Out[1] = 6.5056

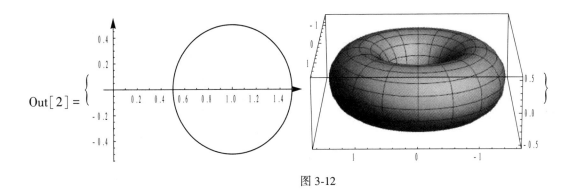

$$\text{Out}[2] =$$

图 3-12

本例题作图结果如图 3-12 所示.

3.2.3 求体积

1. 绘制旋转曲面

绘制旋转曲面，命令的语法格式及意义：

RevolutionPlot3D[f(x),{x,x$_{min}$,x$_{max}$}]　　　　　在 xOz 平面上把 $z=f(x)$ 的曲线绕 z 轴旋转一周生成曲面.

RevolutionPlot3D[{x(t),z(t)},{t,t$_{min}$,t$_{max}$}]　　xOz 平面曲线 L 参数方程：$x=x(t)$，$z=z(t)$；曲线 L 绕 z 轴旋转一周生成曲面.

RevolutionPlot3D[{x(t),y=y(t),z(t)},{t,t$_{min}$,t$_{max}$}]　　　　空间曲线 L 参数方程：$x=x(t)$，$y=y(t)$，$z=z(t)$；曲线 L 绕 z 轴旋转一周生成曲面.

旋转参数：

　　　　RevolutionAxis→{a,b,c}　　　　指定向量为 $\{a,\ b,\ c\}$ 曲线围绕旋转的旋转轴.

如：曲线绕 x 轴旋转 $\{a,b,c\}=\{1,0,0\}$；曲线绕 y 轴旋转 $\{a,b,c\}=\{0,1,0\}$.

例 3.2.12　绘制 $z=x^2$ 绕 x 轴和 z 轴旋转的旋转体.

解：In[1]:=

　　　　RevolutionPlot3D[x^2,{x,0,1},RevolutionAxis→{1,0,0},AxesLabel→{"x","y","z"}]

　　　　RevolutionPlot3D[x^2,{x,0,1},RevolutionAxis→{0,1,0},AxesLabel→{"x","y","z"}]

73

Out[1] =

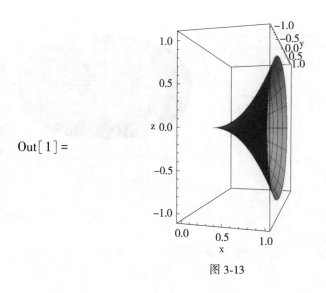

图 3-13

Out[2] =

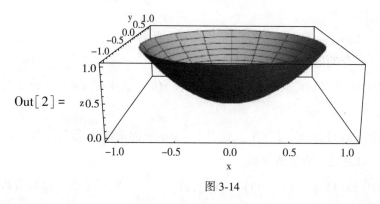

图 3-14

本例题中绕 x 轴旋转的旋转体如图 3-13 所示，绕 z 轴旋转的旋转体如图 3-14 所示.

2. 求旋转体体积

（1）设旋转体是由连续曲线 $y = f(x)$ 和直线 $x = a$，$x = b$ 及 x 轴所围成的曲边梯形绕 x 轴旋转一周而成的立体. 求其体积的方法为：

$$\int_a^b \pi [f(x)]^2 \mathrm{d}x$$

求数值解的方法：

$$\mathrm{NIntegrate}[\pi [f(x)]^2, \{x, a, b\}]$$

例 3.2.13　求由椭圆 $\dfrac{x^2}{a^2} + \dfrac{y^2}{b^2} = 1$ 绕 x 轴旋转而成的椭球体的体积.

解：绕 x 轴旋转的椭球体如图 3-15 所示，它可看作上半椭圆 $y = \dfrac{b}{a}\sqrt{a^2 - x^2}$ 与 x 轴围

成的平面图形绕 x 轴旋转而成. 取 x 为积分变量, $x \in [-a, a]$.

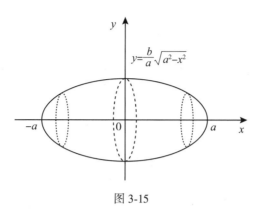

图 3-15

$$\text{In}[1] := \int_{-a}^{a} \pi \left(\frac{b}{a}\sqrt{a^2-x^2}\right)^2 dx$$

$$\text{Out}[1] = \frac{4}{3}a b^2 \pi$$

（2）设旋转体是由连续曲线 $x = \varphi(y)$ 和直线 $y = c$, $y = d$ 及 y 轴所围成的曲边梯形绕 y 轴旋转一周而成的立体. 求其体积的方法为：

$$\int_{c}^{d} \pi [\varphi(y)]^2 dx$$

求数值解的方法：

$$\text{NIntegrate}[\pi[\varphi(y)]^2, \{y, c, d\}]$$

例 3.2.14　求由椭圆 $\dfrac{x^2}{a^2} + \dfrac{y^2}{b^2} = 1$ 绕 y 轴旋转而成的椭球体的体积.

解：绕 y 轴旋转的椭球体，可看作右半椭圆 $x = \dfrac{a}{b}\sqrt{b^2 - y^2}$ 与 y 轴围成的平面图形绕 y 轴旋转而成（图 3-16），取 y 为积分变量, $y \in [-b, b]$.

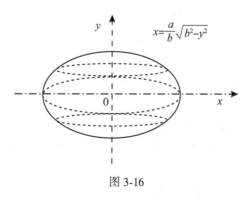

图 3-16

$$\text{In}[\,1\,]:=\int_{-b}^{b}\pi\left(\frac{a}{b}\sqrt{b^2-y^2}\right)^2\mathrm{d}y$$

$$\text{Out}[\,1\,]=\frac{4}{3}a^2 b\pi$$

当 $a = b = R$ 时，上述结果为 $V = \dfrac{4}{3}\pi R^3$，这就是大家所熟悉的球体的体积公式.

习 题 3.2

1. 求由下列各组曲线所围成的图形的面积(其中常数 $a > 0$).

(1) $y = x^2$ 与 $y = 2x - x^2$；

(2) 直线 $y = x - 1$ 与 $y^2 = 2x + 6$；

(3) $y = \dfrac{1}{x}$ 与直线 $y = x$ 及直线 $x = 2$；

(4) $y^2 = ax$ 与 $x^2 = ay$；

(5) $y = \dfrac{1}{2}x^2$ 与 $x^2 + y^2 = 8$；

(6) 蔓叶线 $y^2 = \dfrac{x^3}{2a - x}$ 与 $x = 2a$.

2. 求由下列极坐标方程所给曲线所围成的图形的面积(其中常数 $a > 0$).

(1) $\rho = 2a\cos\theta$；

(2) $\rho = a(1 + \cos\theta)$；

(3) $\rho = a\sin 3\theta$.

3. 求由下列曲线段旋转所成旋转体的体积.

(1) $y = \sqrt{x}\,(0 \leqslant x \leqslant 1)$，绕 x 轴旋转；

(2) $y = 2x - x^2$，$y = 0$，绕：(a) x 轴旋转；(b) y 轴旋转.

(3) $y = x^2$，$x = y^2$，绕 y 轴旋转；

(4) $x^2 + (y - 5)^2 = 16$，绕 x 轴旋转.

4. 求旋转下列曲线所成旋转面的面积.

(1) $f(x) = x^3\,(0 \leqslant x \leqslant 2)$，绕 x 轴旋转；

(2) $f(x) = 1 - x^2\,(0 \leqslant x \leqslant 1)$，绕 y 轴旋转；

(3) $f(x) = \sqrt{4 - x^2}\,(-1 \leqslant x \leqslant 1)$，绕 x 轴旋转；

(4) $f(x) = \mathrm{e}^x\,(0 \leqslant x \leqslant 1)$，绕 x 轴旋转；

(5) $f(x) = \mathrm{e}^{-x}\,(x \geqslant 0)$，绕 x 轴旋转；

(6) $x = a(t - \sin t)$，$y = a(1 - \cos t)\,(0 \leqslant x \leqslant 2\pi)$，(a) 绕 x 轴旋转；(b) 绕 y 轴旋转.

5. 求下列曲线的弧长.

(1) $y^2 = x^3$，从点 $A(1, 1)$ 到点 $B(4, 8)$；

(2) $y = \ln x\,(\sqrt{3} \leqslant x \leqslant \sqrt{8}\,)$；

$(3) y^2 = 2px(0 \le x \le x_0)$;

$(4) y = \mathrm{e}^x(0 \le x \le x_0)$;

$(5) x^{\frac{2}{3}} + y^{\frac{2}{3}} = a^{\frac{2}{3}}$（星形线）;

$(6) x = a\cos^4 t, \ y = a\sin^4 t$;

$(7) x = a(\cos t + t\sin t), \ y = a(\sin t - t\cos t) (0 \le t \le \pi)$（圆的渐伸线）;

$(8) \rho = \mathrm{e}^{a\theta}(0 \le \theta \le \varphi, \ a > 0)$;

$(9) \rho = \dfrac{p}{1 + \cos\theta}\left(|\theta| \le \dfrac{\pi}{2} \right)$;

$(10) \rho\theta = 1\left(\dfrac{3}{4} \le \theta \le \dfrac{4}{3} \right)$.

第4章 常微分方程

4.1 微分方程

4.1.1 微分方程模型

例 4.1.1 逻辑斯蒂方程：当一个物种迁入一个新生态系统中后，其数量会发生变化．假设该物种的起始数量小于环境的最大容纳量，则数量会增长．该物种在此生态系统中有天敌，食物、空间等资源也不足(非理想环境)，则增长函数满足逻辑斯蒂方程 $\dfrac{\mathrm{d}x}{\mathrm{d}t} = rx(1-x)$，其解的函数图像呈 S 形，此方程是描述在资源有限的条件下种群增长规律的一个最佳数学模型．

用软件 Mathematica 生成人机互动的对象(图 4-1)．改变初始值 x_0、比例常数 r 以及显示曲线族等项目，观察图形变化(扫描图 4-1 右侧二维码查看)，研究逻辑斯蒂方程．

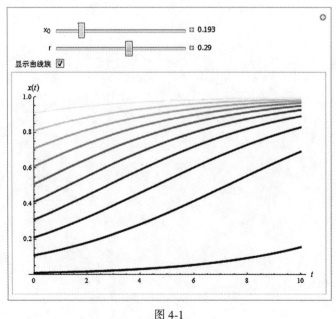

图 4-1

4.1.2　解常微分方程

1. 用 DSolve 求解常微分方程(组)

Mathematica 能求线性与非线性的常微分方程(组)的精确解，能求解的类型大致覆盖了人工求解的范围，功能很强. 但是，计算机不如人灵活(例如在隐函数的处理方面)，输出的结果与人工计算的结果可能在形式上不同.

利用 Mathematica 求解微分方程，命令语法格式及意义：

DSolve[微分方程(组),y[x],x]　　用来求解非独立变量 x 的函数 y 的一个微分方程(组).

求特解的语法格式：

DSolve[{微分方程(组)，初始条件}，y[x]，x]

说明：

(1)未知函数总带有自变量，例如 y[x]，不能只键入 y；

(2)方程中的等号，用连续键入两个等号表示；

(3)导数符号用键盘上的撇号，连续两撇表示二阶导数；

(4)在使用命令时，一般把初始条件作为一个方程来看待；

(5)输出结果总是尽量用显式解表示出，有时反而会使表达式变得复杂；

(6)在没有给定方程的初值条件下，我们所得到的解包括 $C[1]$，$C[2]$，它们是待定系数.

例 4.1.2　求微分方程 $\dfrac{\mathrm{d}y}{\mathrm{d}x} - \dfrac{y}{x} = 0$ 的通解，绘制任意常数为两个不同的值时解的曲线.

解：In[1]:=sol=DSolve[y′[x]−y[x]/x==0,y[x],x]

Plot[{y[x]/.sol/.C[1]→{2,3}},{x,1,4},AxesStyle→Arrowheads[0.05]]

Out[1]={{y[x]→xC[1]}}

Out[2] =

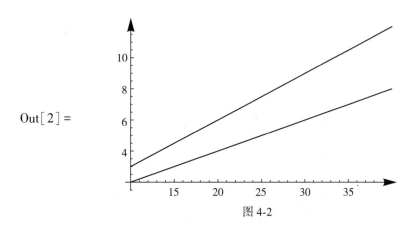

图 4-2

本例题绘图结果如图 4-2 所示.

例 4.1.3　求微分方程 $y′ - y = \mathrm{e}^{-x}$ 的通解，并画出解曲线(积分曲线族).

解：In[1]:=sol=DSolve[y′[x]−y[x]==e^{−x},y[x],x]

tab = Table[y[x]/.sol[[1]]]/.{ C[1]->k} ,{ k,-15,15}];

Plot[Evaluate[tab] ,{ x,-10,10} ,AxesStyle→Arrowheads[0. 05]]

Out[1] = { { y[x]→ $-\dfrac{e^{-x}}{2}$ +e^{x}C[1] } }

Out[2] =

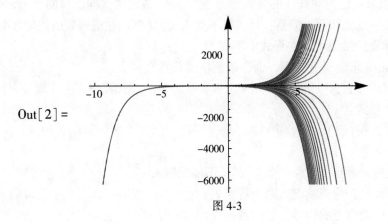

图 4-3

本例题解曲线如图 4-3 所示.

说明：使用 Table 以及 Plot，绘出不同常数值时解的图形.

例 4.1.4　求微分方程 $y' - y = a\sin x$ 的通解.

解：In[1] := DSolve[y'[x]+y[x]==aSin[x] ,y[x] ,x]

Out[1] = { { y[x]→e^{-x}C[1]+ $\dfrac{1}{2}$ a(-Cos[x]+Sin[x]) } }

例 4.1.5　求常微分方程 $\dfrac{\mathrm{d}y}{\mathrm{d}x} - y\tan x = \sec x$，并求满足初始条件 $y\big|_{x=0} = 0$ 的特解，绘制边值问题的解.

解：In[1] := DSolve[{ y'[x]-y[x]Tan[x]==Sec[x] ,y[0]==0} ,y[x] ,x]

　　　　Plot[y[x]/.sol,{ x,-3,3} ,AxesStyle→Arrowheads[0. 05]]

Out[1] = { { y[x]→x Sec[x] } }

Out[2] =

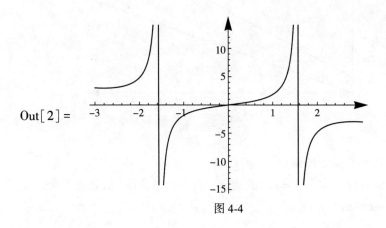

图 4-4

本例题绘图结果如图 4-4 所示.

例 4.1.6 求微分方程 $y'' - 3y' + 2y = 3xe^{2x}$ 的通解,并满足初始条件 $y\big|_{x=1} = e^2$,$y'\big|_{x=0} = 2$ 的特解,绘制边值问题的解.

解：$\mathrm{In}[1] := \mathrm{DSolve}[\{y''[x]-3y'[x]+2y[x]==3xe^{2x}, y[1]==e^2, y'[0]==2\}, y[x], x]$

$$\mathrm{Plot}[y[x]/.\mathrm{sol}, \{x,1,4\}, \mathrm{AxesStyle} \to \mathrm{Arrowheads}[0.05]]$$

$$\mathrm{Out}[1] = \left\{\left\{y[x] \to \frac{1}{2}e^{2x}(5-6x+3x^2)\right\}\right\}$$

$\mathrm{Out}[2] =$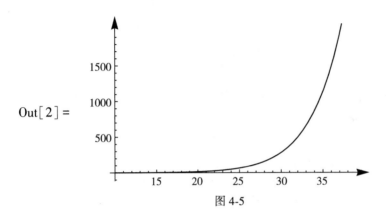

图 4-5

本例题绘图结果如图 4-5 所示.

2. 解的验证和提取

由 DSolve 给出的解可以使用不同方法验证. 最简单的方法为把解代回方程. 如果结果是 True, 则该解是有效的. 在下面的例子中, 解使用替换法验证. 注意, 为了方便后面的工作, DSolve 的第一个变量被赋于 eqn.

例 4.1.7 微分方程 $y' = x$. (1)求通解并对通解进行验证；(2)提取 $y(x)$ 并求 $y'(x)$ 和 $y(1)$ 的表达式.

解：(1)求通解并对通解进行验证.

$\mathrm{In}[1] := \mathrm{eqn} = y'[x]==x;$

$\mathrm{sol} = \mathrm{DSolve}[\mathrm{eqn}, y, x]$

$\mathrm{eqn}/.\mathrm{sol}//\mathrm{Simplify}$

$$\mathrm{Out}[1] = \left\{\left\{y \to \mathrm{Function}\left[\{x\}, \frac{x^2}{2}+C[1]\right]\right\}\right\}$$

$\mathrm{Out}[2] = \{\mathrm{True}\}$

(2)提取 $y(x)$ 并求 $y'(x)$ 和 $y(1)$ 的表达式.

$\mathrm{In}[3] := y[x]/.\mathrm{sol}[[1]]$

$y'[x]/.\mathrm{sol}[[1]]$

y[1]/.sol[[1]]

$$Out[3] = \frac{x^2}{2} + C[1]$$

$$Out[4] = x$$

$$Out[4] = \frac{1}{2} + C[1]$$

说明：（1）Out[1]是解的纯函数表示，可以计算关于 y 的导数和 y 的值的表达式；

（2）In[3]使用 Part 的简写形式取解的第一部分，即写作 sol[[1]]，用"/.（ReplaceAll"的简写形式)替换.

例 4.1.8 微分方程 $\frac{d^2y}{dx^2} = \frac{dy}{dx}$，（1）求满足初始条件 $y|_{x=0} = 1$，$y'|_{x=0} = 1$ 的特解；（2）提取 $y(x)$，并求 $y'(x)$ 和 $y(2)$ 的表达式.

解：（1）求特解.

In[1]:=sol=DSolve[{y″[x]==y[x],y[0]==1,y'[0]==1},y[x],x]

Out[1]={{y[x]→e^x}}

（2）提取 $y(x)$ 并求 $y'(x)$ 和 $y(1)$ 的表达式.

In[2]:=f[x_]=y[x]/.sol[[1]]

   f'[x]

   f[2]

Out[2]=e^x

Out[3]=e^x

Out[4]=e^2

说明：本例不同于例4.1.7，使用 $y[x]$ 而不是 y 指定未知函数，要在一个点上寻找 $y[x]$ 的导数或者 $y[x]$ 的值，要使用"="定义函数 $f[x\_]$，$f(x)$ 能够像任何其他一般函数一样进行运算.

例 4.1.9 常微分方程组 $\begin{cases} \frac{dy}{dt} = 3x - 2y, \\ \frac{dz}{dt} = 2x - y. \end{cases}$ （1）求通解，对通解进行验证并给出任意常数特定值某些特解的图示；（2）求满足初始条件 $x|_{t=0} = 1$，$y|_{t=0} = 0$ 的特解.

解：（1）求通解，对通解进行验证并给出任意常数特定值某些特解的图示.

In[1]:=eqns={x'[t]==3x[t]-2y[t],y'[t]==2x[t]-y[t]};

   sol=DSolve[eqns,{x,y},t]

   system/.sol//Simplify

   particularsols=Partition[Flatten[Table[{y[x],z[x]}/.sol/.{C[1]→1/i,C[2]→1/j},{i,-20,20,6},{j,-20,20,6}]],2];

ParametricPlot[Evaluate[particularsols],{x,-3,3},PlotRange->{-2,2},AxesStyle→Arrowheads[0.05]]

Out[1] = {{x→Function[{t},e^t(1+2t)C[1]−2e^{t}tC[2]],y→Function[{t},2e^{t}tC[1]−e^t(−1+2t)C[2]]}}

Out[2] = {True}

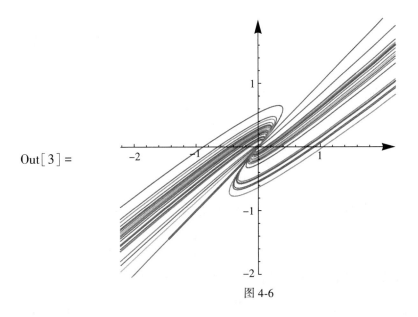

图 4-6

本小题绘图结果如图 4-6 所示.

(2)满足初始条件 $x\big|_{t=0}=1$，$y\big|_{t=0}=0$ 的特解.

In[4]: = DSolve[{x′[t] == 3x[t]−2y[t],y′[t] == 2x[t]−y[t],x[0] == 1,y[0] == 0},{x,y},t]

Out[4] = {{x→Function[{t},e^t(1+2t)],y→Function[{t},2e^{t}t]}}

习 题 4.1

1. 求下列微分方程的通解，并画出解曲线.

(1) $\dfrac{dy}{dx}=\dfrac{y}{x}+\tan\dfrac{y}{x}$;

(2) $x\dfrac{dy}{dx}=y+\sqrt{x^2-y^2}\ (x>0)$;

(3) $y^2+x^2\dfrac{dy}{dx}=xy\dfrac{dy}{dx}$;

(4) $\dfrac{dy}{dx}=\dfrac{y^2}{xy-2x^2}$;

(5) $y''=\dfrac{1}{2y'}$;

(6) $y''+\sqrt{1-(y')^2}=0$;

(7) $y''-2y'-3y=x+1$;

(8) $y''-4y=2e^{2x}$;

(9) $y''-4y'+8y=e^{2x}\sin2x$;

(10) $y''-2y'+2y=4e^x\cos x$;

(11) $x^2y''+3xy'+y=0$;

(12) $x^2y''-4xy'+6y=x$.

2. 求下列微分方程满足所给初始条件的特解.

(1) $xy\mathrm{d}y + \mathrm{d}x = y^2\mathrm{d}x + y\mathrm{d}y$，$y\big|_{x=0} = 2$；

(2) $y^3\mathrm{d}x + 2(x^2 - xy^2)\mathrm{d}y = 0$，$y\big|_{x=1} = 1$；

(3) $y''' - y' = 4x\mathrm{e}^x$，$y\big|_{x=0} = 0$，$y'\big|_{x=0} = 1$；

(4) $2(y')^2 = y''(y - 1)$，$y\big|_{x=1} = 2$，$y'\big|_{x=1} = -1$.

3. 求微分方程 $y'' + y = 0$，并求满足初始条件 $y\big|_{x=0} = 1$，$y'\big|_{x=0} = \dfrac{1}{3}$ 的特解，绘制微分方程的积分曲线.

4. 求下列微分方程组的通解，并画出解曲线.

(1) $\begin{cases} \dfrac{\mathrm{d}y}{\mathrm{d}x} = 2z, \\[2mm] \dfrac{\mathrm{d}z}{\mathrm{d}x} = y; \end{cases}$　　　　(2) $\begin{cases} \dfrac{\mathrm{d}^2 y}{\mathrm{d}x^2} = z, \\[2mm] \dfrac{\mathrm{d}^2 z}{\mathrm{d}x^2} = y; \end{cases}$

(3) $\begin{cases} \dfrac{\mathrm{d}x}{\mathrm{d}t} + \dfrac{\mathrm{d}y}{\mathrm{d}t} = -x + y + 3, \\[2mm] \dfrac{\mathrm{d}x}{\mathrm{d}t} - \dfrac{\mathrm{d}y}{\mathrm{d}t} = x + y - 3; \end{cases}$　　　　(4) $\begin{cases} \dfrac{\mathrm{d}x}{\mathrm{d}t} + \dfrac{\mathrm{d}y}{\mathrm{d}t} - 3x + 4y = 2\sin t, \\[2mm] 2\dfrac{\mathrm{d}x}{\mathrm{d}t} + \dfrac{\mathrm{d}y}{\mathrm{d}t} + 2x - y = \cos t. \end{cases}$

5. 求下列微分方程组满足所给初始条件的特解，并绘制积分曲线.

(1) $\begin{cases} \dfrac{\mathrm{d}y}{\mathrm{d}x} = 3y - 2z, \ y\big|_{x=0} = 1, \\[2mm] \dfrac{\mathrm{d}z}{\mathrm{d}x} = 2y - z, \ z\big|_{x=0} = 0; \end{cases}$　　　(2) $\begin{cases} \dfrac{\mathrm{d}^2 x}{\mathrm{d}t^2} + 2\dfrac{\mathrm{d}y}{\mathrm{d}t} - x = 0, \ x\big|_{t=0} = 1, \\[2mm] \dfrac{\mathrm{d}x}{\mathrm{d}t} + y = 0, \ y\big|_{t=0} = 0; \end{cases}$

(3) $\begin{cases} \dfrac{\mathrm{d}x}{\mathrm{d}t} = y, \ x\big|_{t=0} = 0, \\[2mm] \dfrac{\mathrm{d}y}{\mathrm{d}t} = -x, \ y\big|_{t=0} = 1; \end{cases}$　　　(4) $\begin{cases} \dfrac{\mathrm{d}x}{\mathrm{d}t} + 3x - y = 0, \ x\big|_{t=0} = 1, \\[2mm] \dfrac{\mathrm{d}y}{\mathrm{d}t} - 8x + y = 0, \ y\big|_{t=0} = 4. \end{cases}$

4.2　微分方程数值解与斜率场

4.2.1　微分方程的数值解

只有一些特殊的微分方程有精确解，对于给定初值条件的常微分方程可以求出近似解. 利用 Mathematica 求微分方程的近似解，命令语法格式：

$$\text{NDSolve}\big[\{\text{微分方程(组)},\text{初始条件}\},y,\{x,x_{\min},x_{\max}\}\big]$$

说明：(1) 该命令是求解函数 y 的常微分方程的数值解，自变量 x 的范围为从 $x_{\min}$ 到 $x_{\max}$；

(2) 求微分方程近似解的语句与求微分方程特解的语句类似，只是不但要指出自变量，还要指出自变量的变化区间；

(3) 初值点 x_0 可以取在自变量的变化区间上的任何一点处；

（4）自变量的变化区间可以试算调整.

例 4. 2. 1 求微分方程 $y' = y$ 在 $0 < x < 2$ 上，满足初始条件 $y(0) = 1$ 的数值解，并求数值解在 $x = 1.5$ 处的函数值.

解：In[1]: = NDSolve[{y'[x] = = y[x], y[0] = = 1 }, y, {x, 0, 2 }]

Out[1] = { {y→InterpolatingFunction[{ {0., 2. } }, " <>"] } }

In[2]: = y[1.5]/. %

Out[2] = {4. 48169 }

说明：结果以插值函数 InterpolatingFunction 的形式给出，Out[1]表明将返回的解放在一个表中.

例 4. 2. 2 求微分方程组 $\begin{cases} y' = z, \\ z' = -y, \\ y(0) = 0, \\ z(0) = 1 \end{cases}$ $(0 \leqslant x \leqslant \pi)$ 的数值解在 $x = 2$ 处的 z 值，并作出 $z = z(x)$ 的解的图形.

解：In[1]: = sol = NDSolve[{y'[x] = = z[x], z'[x] = = -y[x], y[0] = = 0,

z[0] = = 1 }, {y, z }, {x, 0, π }]

Out[1] = { {y→InterpolatingFunction[{ {0., 3. 14159 } }, " <>"],

z→InterpolatingFunction[{ {0., 3. 14159 } }, " <>"] } }

In[2]: = y/. sol[[1, 1]]

z/. sol[[1, 2]]

Out[2] = InterpolatingFunction[{ {0., 3. 14159 } }, " <>"]

Out[3] = InterpolatingFunction[{ {0., 3. 14159 } }, " <>"]

In[4]: = z[2]/. sol

Out[4] = { -0. 416147 }

In[5]: = Plot[Evaluate[z[x]/. %1], {x, 0, π }]

Out[5] =

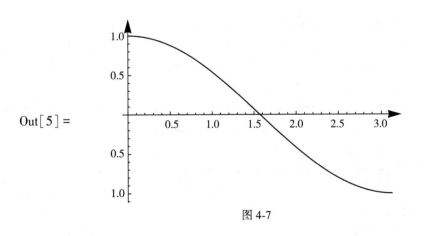

图 4-7

本例题绘图结果如图 4-7 所示.

　　说明：（1）In[2]是定义解函数；

　　　　　（2）Out[5]为该微分方程数值解的积分曲线.

　　例 4.2.3　求微分方程 $y' = y\cos(x + y)$ 在 $x \in [0, 30]$，且满足初始条件 $y(0) = 1$ 的数值解；并求数值解在 $x = 7$ 处的函数值以及在 $x = 12.5$ 处的导数值.

　　解：In[1]:= sol=NDSolve[{y'[x]==y[x]Cos[x+y[x]],y[0]==1},y,{x,0,30}]

　　　　Out[1]={{y→InterpolatingFunction[{{0.,30.}},"<>"]}}

　　　　In[2]:=y[x_]=y[x]/.sol[[1]]

　　　　Out[2]=InterpolatingFunction[{{0.,30.}},"<>"][x]

　　　　In[3]:=Plot[Evaluate[y[x]/.sol],{x,0,30},PlotRange→All]

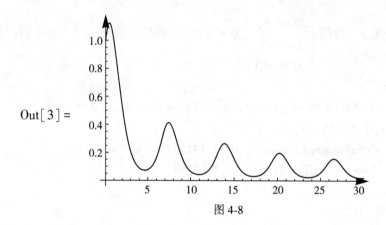

图 4-8

　　　　In[4]:={y[7],y'[12.5]}/.sol

　　　　Out[4]={{0.37356, 0.113798}}

　　例题中满足初始条件 $y(0) = 1$ 的数值解的图形如图 4-8 所示.

4.2.2　斜率场

　　形如 $y' = F(x, y)$ 的一阶微分方程，微分方程的解曲线在 (x, y) 点的斜率为 $F(x, y)$. 在多个点 (x, y) 处画出斜率为 $F(x, y)$ 的线段就得到了斜率场（或方向场），这些线段指示了曲线在这些点处的延伸方向，斜率场能帮助我们画出解曲线的大致图形.

　　用 Mathematica 作一阶微分方程斜率场，其方法如下：

VectorPlot[{v_x,v_y},{x,a,b},{y,c,d},VectorScale→{0.02,0.1,None},VectorStyle→
　　　　　Thick, VectorPoints → 20, StreamScale → None, StreamPoints → 40,
　　　　　StreamStyle→{Black,Thick}]

　　说明：（1）绘制由 x 和 y 的函数所决定的向量区域 $\{v_x, v_y\}$ 的向量图；

　　（2）VectorScale 控制矢量长度、箭头大小，VectorStyle 设置所显示的矢量的样式，VectorPoints 控制绘制矢量的数目；

　　（3）StreamScale 控制绘制矢量场流线长度、箭头大小，StreamStyle 设置所显示的绘制矢量场流线的样式，StreamPoints 控制绘制矢量场流线的数目.

例 4.2.4 画微分方程 $y' = 1 + xy$ 的斜率场.

解：In[1]:=VectorPlot[{1,1+xy},{x,-2,2},{y,-2,2},VectorScale→{0.02,0.1,None},

VectorStyle→Thick,VectorPoints→20,StreamScale→None,

StreamPoints→15,StreamStyle→{Black,Thick}]

Out[1]=

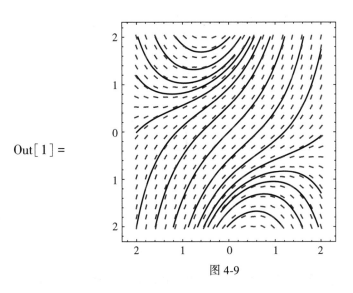

图 4-9

本例题绘图结果如图 4-9 所示.

例 4.2.5 画微分方程 $y' = \sin x + \cos x$ 的斜率场.

解：In[1]:=VectorPlot[{1,2xy},{x,-2,2},{y,-2,2},VectorScale→{0.02,0.1,None},

VectorStyle→Thick, VectorPoints→20, StreamScale→None,

StreamPoints→15, StreamStyle→{Black, Thick}]

Out[1]=

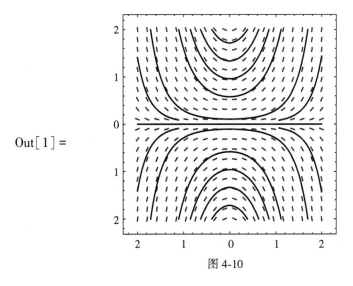

图 4-10

本例题绘图结果如图 4-10 所示.

说明：当微分方程特别难解时，斜率场为我们提供的解曲线形状对解微分方程就非常有帮助了.

例 4.2.6　如图 4-11 所示，电路的电流 $I(t)$ 用微分方程

$$L\frac{dI}{dt} + RI = E(t)$$

建模. 当电阻为 12Ω，电感应系数为 4H 时，电池提供的恒定电压为 60V.

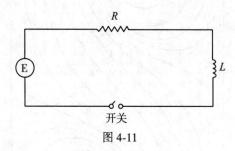

图 4-11

(1) 画出对应的斜率场；
(2) 估计电流的极值；
(3) 求平衡解；
(4) 当 $t=0$ 时开关合上，则电流初值为 $I(0)=0$，利用斜率场画出解曲线.

解：将 $L=4$，$R=12$ 和 $E(t)=60$ 代入所给的微分方程，得到

$$4\frac{dI}{dt} + 12I = 60 \quad 即 \quad \frac{dI}{dt} = 15 - 3I$$

(1) In[1]:=s=VectorPlot[{1,15-3I},{t,0,4},{I,-0,8},VectorScale→{0.04,0.1, None},VectorStyle→Thick,VectorPoints→20]

Out[1] =

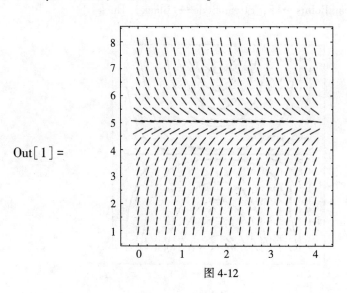

图 4-12

本例题中题(1)斜率场图形如图 4-12 所示.

(2)根据斜率场可以看出,所有的解都趋近 5A,即

$$\lim_{t \to +\infty} I(t) = 5$$

(3)可以看出,常函数 $I(t) = 5$ 是平衡解(常数解),可以使用微分方程来验证.

$$\frac{\mathrm{d}I}{\mathrm{d}t} = 15 - 3I$$

如果 $I(t) = 5$,则上面的方程左边 $\frac{\mathrm{d}I}{\mathrm{d}t} = 0$, 方程右边 $15 - 3 \times 5 = 0$.

(4)利用斜率场画出经过(0,0)点的解曲线,如图 4-13 所示.

In[2]:= sol1 = NDSolve[{I'[t] == 15-3I[t],I[0] ==0},I[t],{t,0,4}];

　　　 g = Plot[Evaluate[I[t]/. sol1],{t,0,4},PlotRange → All,PlotStyle → {Red,

Thick}];

　　　 Show[s,g]

Out[2] =

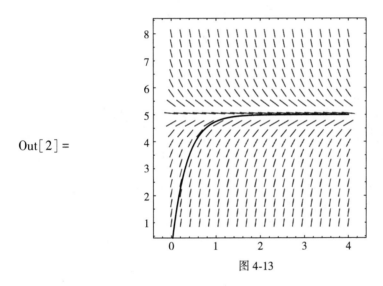

图 4-13

本例题中题(4)斜率场图形如图 4-13 所示.

习 题 4.2

1. 求微分方程 $y' = x + y^2$ 在 $0 \le x \le 1$ 上,满足初始条件 $y(0) = -2$ 的数值解,并求数值解在 $x = 1$ 处的函数值,绘制数值解的积分曲线.

2. 求微分方程 $y''' + y'' + y' + y^3 = 0$ 在 $0 \le x \le 1$ 上,满足初始条件 $y(0) = 1$, $y'^{(0)} = y''(0) = 0$ 的函数值,并绘制数值解的积分曲线.

3. 求微分方程组 $\begin{cases} \dfrac{\mathrm{d}x}{\mathrm{d}t} = y - \dfrac{x^3}{3} - x, \ x\big|_{t=0} = 0, \\[3mm] \dfrac{\mathrm{d}y}{\mathrm{d}t} = -x, \ y\big|_{t=0} = 1 \end{cases}$ 在 $-15 \leqslant t \leqslant 15$ 上的数值解，并绘制数值

解的积分曲线.

4. 种群增长模型的逻辑斯蒂微分方程为

$$\frac{\mathrm{d}P}{\mathrm{d}t} = kP\left(1 - \frac{P}{K}\right)$$

$P(t)$ 表示在时刻 t 种群的数量. 画出 $k = 0.08$，承载能力 $K = 1000$ 的逻辑斯蒂方程的斜率场，根据斜率场推断出解有哪些特点.

5. 已知野兔和狼的种群数量可以用微分方程组

$$\begin{cases} \dfrac{\mathrm{d}R}{\mathrm{d}t} = kR - aRW, \\[3mm] \dfrac{\mathrm{d}W}{\mathrm{d}t} = -rW + bRW \end{cases}$$

建模. 当 $k = 0.08$，$a = 0.001$，$r = 0.02$，$b = 0.00002$ 时（时间 t 的单位为月）：

(1) 求常数解（平衡解），解释答案的含义；

(2) 根据微分方程组求 $\dfrac{\mathrm{d}W}{\mathrm{d}R}$ 的表达式；

(3) 在 RW 平面上画出微分方程的方向场（斜率场），根据方向场画出几条解曲线；

(4) 假设在某一时刻有 1000 只野兔，40 只狼，画出对应的解曲线，利用这个解曲线描述两种群数量的变化情况；

(5) 利用（4）画出 R 和 W 关于时间 t 的函数.

第5章 向量代数与空间图形的绘制

5.1 向量及其运算

5.1.1 向量模型

例 5.1.1 向量三角形法则. 用软件 Mathematica 生成人机互动的对象(图 5-1). 改变向量 $\vec{w}$、$\vec{u}$，观察图形及相关值的变化，研究向量加法的三角形法则.

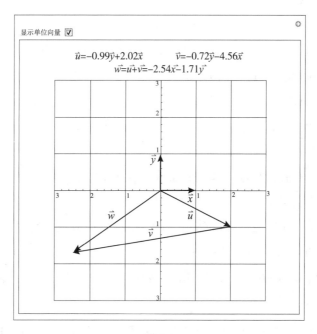

图 5-1

5.1.2 向量运算

1. 向量数学操作

向量数学操作命令的语法格式及意义:

+、-　　　　　　　　向量和差的运算；

Dot（.）　　　　　　向量的数量积；

Cross（·）　　　　　向量的矢量积；

Norm［expr］　　　　给出一个数字或数组的模.

说明：Cross［a，b］可以以标准形式和录入形式输入，例如a·b、a $\boxed{\text{Esc}}$×$\boxed{\text{Esc}}$ b，注意·（Cross）和×（Times）之间的不同.

例 5.1.2　已知向量 $m=(a,b,c)$，$n=(x,y,z)$. 计算：

(1)$m+n$；　　　(2)$m\cdot n$；　　　(3)$m×n$.

解：In［1］:=｛a,b,c｝+｛x,y,z｝

　　　　　　｛a,b,c｝.｛x,y,z｝

　　　　　　Cross［｛a,b,c｝,｛x,y,z｝］

　　Out［1］=｛a+x,b+y,c+z｝

　　Out［2］=a x+b y+c z

　　Out［3］=｛-c y+b z,c x-a z,-b x+a y｝

例 5.1.3　已知两点 $A(4,0,5)$ 和 $B(7,1,3)$，求 A、B 两点间的距离.

解：In［1］:=Norm［｛7,1,3｝-｛4,0,5｝］

　　Out［1］=$\sqrt{14}$

例 5.1.4　已知向量 $a=(a1,a2,a3)$，$b=(b1,b2,b3)$，$c=(c1,c2,c3)$，计算混合积$(a×b)\cdot c$.

解：In［1］:=a=｛a1,a2,a3｝;b=｛b1,b2,b3｝;c=｛c1,c2,c3｝;

　　　　　Cross［a,b］.c

　　Out［1］=$(-a3b2+a2b3)c1+(a3b1-a1b3)c2+(-a2b1+a1b2)c3$

例 5.1.5　已知 $a=(2,-3,1)$，$b=(1,-1,3)$，$c=(1,-2,0)$. 计算(1)$a+b+c$；(2)画出向量 a、b、c、$a+b+c$，其中向量 a、$a+b+c$ 以原点为起点，向量 b 以 a 的终点为起点，向量 c 以 b 的终点为起点.

解：In［1］:=a=｛2,-2,-1｝;b=｛1,-1,3｝;c=｛3,1,3｝;o=｛0,0,0｝;

　　　　　a+b+c

　　Out［1］=｛6,-2,5｝

　　In［2］:=Graphics3D［｛Arrow［｛o,a｝］,Text［"a",1.1a］,Arrow［｛a,a+b｝］,

　　　Text［"b",1.03(a+b)］,Arrow［｛a+b,a+b+c｝］,Arrow［｛o,a+b+c｝］,

　　　　　Text［"c",1.03(a+b+c)］｝,Axes→True,AxesLabel→｛x,y,z｝］

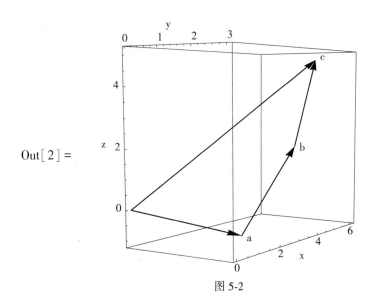

Out[2] =

图 5-2

本例题中题(2)绘图结果如图 5-2 所示.

说明：Graphics3D[primitives, options]，表示一个三维图形.

其中 Arrow[{{x$_1$,y$_1$}, {x$_2$,y$_2$}}]，是一个图形基元，表示从 (x_1,y_1) 到 (x_2,y_2) 的一个箭头标记. Graphics3D 可以使用的图形指令还有：Text[expr, {x,y,z}]（文本）、Line[{{x$_1$, y$_1$,z$_1$}, …}]（线）、Point[{x,y,z}]（点）、Polygon[{{x$_1$,y$_1$,z$_1$}, …}]（多边形）、Sphere [{x,y,z}, …]（球体）等，更多的内容可查阅联机帮助.

例 5.1.6 已知 a = (1, 0, −2)，b = (0, 1, 1)，计算(1)$a×b$；(2)画出向量 a、b、$a×b$，其中向量 a、b、$a×b$ 都是以原点为起点的向量.

解：In[1] := o={0,0,0};a={1,0,−2};b={0,1,1};

$a \cdot b$

Graphics3D[{Arrow[{o,a}], Text["a", 1.1a], Arrow[{o,b}], Text["b", 1.1b],

Arrow[{o,a×b}], Text["a×b", 1.01a×b]}, Axes→True, AxesLabel→{x,y,z}]

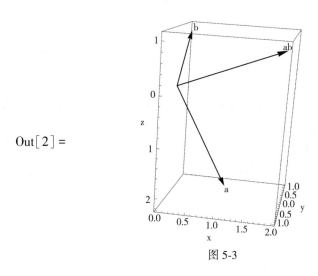

Out[2] =

图 5-3

本例题中题(2)绘图结果如图 5-3 所示.

2. 向量空间的操作

向量空间操作命令的语法格式及意义：

VectorAngle[u,v]　　　　　　给出向量 *u* 和 *v* 之间的角度；

Normalize[v]　　　　　　　　给出与向量 *v* 方向相同的单位向量；

Projection[u,v]　　　　　　找出向量 *u* 在向量 *v* 上的投影.

例 5.1.7　求向量 *a* = (1, 0, 0) 与 *b* = (1, 1, 1) 间的夹角.

解：In[1]:=VectorAngle[{1,0,0},{1,1,1}]

$$Out[1]=ArcCos\left[\frac{1}{\sqrt{3}}\right]$$

In[2]:=Graphics3D[{Thick,Arrow[{{0,0,0},{1,0,0}}],Arrow[{{0,0,0},{1,1,1}}]}]

Out[2]=

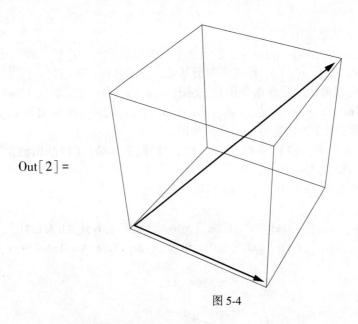

图 5-4

本例题绘图结果如图 5-4 所示.

例 5.1.8　已知向量 *a* = (4, -3, 4) 和 *b* = (2, 2, 1). 求(1)平行于 *a* 的单位向量；(2)向量 *a* 在向量 *b* 上的投影.

解：In[1]:=Normalize[{4,-3,4}]

Projection[{4,-3,4},{2,2,1}]

$$Out[1]=\left\{\frac{4}{\sqrt{41}},-\frac{3}{\sqrt{41}},\frac{4}{\sqrt{41}}\right\}$$

$$Out[2]=\left\{\frac{4}{3},\frac{4}{3},\frac{2}{3}\right\}$$

3. 向量应用举例

例 5.1.9　证明向量 $a=(2,\ 2,\ -1)$ 垂直于 $b=(5,\ -4,\ 2)$.

解：$\text{In}[1]:=a=\{2,2,-1\};b=\{5,-4,2\};a.b$

　　　$\text{Out}[1]=0$

所以这两个向量是垂直的.

例 5.1.10　求以 $P(1,2,1),Q(2,4,7),R(3,4,9)$ 为顶点的三角形面积 $S_{\triangle PQR}$.

解：因为"向量的叉积 $a\cdot b$ 的模 $\mid a\cdot b\mid$ 等于以 a 和 b 所确定的平行四边形的面积"，所以 $S_{\triangle PQR}=\dfrac{1}{2}\mid \overrightarrow{PQ}\times \overrightarrow{PR}\mid$，于是

　$\text{In}[1]:=\overrightarrow{PQ}=\{2,\ 4,\ 7\}-\{1,\ 2,\ 1\};\overrightarrow{PR}=\{3,\ 4,\ 9\}-\{1,\ 2,\ 1\};$

　　　　$\dfrac{1}{2}\text{Norm}[\overrightarrow{PQ}\times\overrightarrow{PR}]$

$\text{Out}[1]=3$

即：$S_{\triangle PQR}=3$.

例 5.1.11　用混合积来证明向量 $a=(1,4,-7),b=(2,-1,4)$ 和 $c=(0,-9,18)$ 共面.

解：$\text{In}[1]:=a=\{1,4,-7\};b=\{2,-1,4\};c=\{0,-9,18\};a.\text{Cross}[b,c]$

　　　$\text{Out}[1]=0$

因为向量 a、b 和 c 的混合积为 0，所以 a、b 和 c 共面.

习 题 5.1

1. 已知 $a=(1,\ 1,\ -2)$，$b=(3,\ -2,\ k)$，$c=(0,\ 1,\ -5)$. 计算下列各式的量.

   (1) $2a+3b$；　　　　　(2) $\mid b\mid$；

   (3) $a\cdot b$；　　　　　　(4) $a\times b$；

   (5) $\mid b\times c\mid$；　　　　(6) $a\cdot(b\times c)$；

   (7) $c\times c$；　　　　　(8) $a\times(b\times c)$；

   (9) 平行于 a 的单位向量；

   (10) 向量 a 和 b 之间的夹角；

   (11) 向量 a 在向量 b 上的投影.

2. 求使得向量 $(x,\ 2,\ 1)$ 和 $(x,\ -2,\ 3x)$ 正交的 x 值.

3. 求与向量 $(1,\ 1,\ 1)$ 和 $(0,\ 2,\ 1)$ 都正交的两个单位向量.

4. 求一个正方体两条对角线所成的锐角.

5. 已知三角形 ABC 的顶点分别是 $A(1,\ 4,\ 6)$，$B(-2,\ 5,\ 7)$ 和 $C(1,\ -4,\ 1)$，求三角形 ABC 的面积.

6. 给出点 $A(1,\ 0,\ 1)$，$B(2,\ 3,\ 0)$，$C(-1,\ 1,\ 4)$ 和 $D(0,\ 3,\ 2)$，求连接 AB、AC 和 AD 所形成的平行六面体的体积.

7. 一个平面经过点 $A(3,\ -1,\ 1)$，$B(3,\ 1,\ 0)$，$C(0,\ -1,\ 3)$ 和 $D(2,\ 3,\ 2)$，求一个与这个平面垂直的向量.

8. 已知 $a=(0,1,1)$，$b=(1,0,2)$，$c=(0,-2,1)$，$d=(1,1,1)$．计算（1）$a+b+c+d$；（2）画出向量 a、b、c、d、$a+b+c+d$，其中向量 a、$a+b+c$ 以原点为起点，向量 b 以 a 的终点为起点，向量 c 以 b 的终点为起点，向量 d 以 c 的终点为起点．

9. 已知 $a=(1,2,-2)$，$b=(2,1,0)$．计算（1）$a×b$；（2）画出向量 a、b、$a×b$，其中向量 a、b、$a×b$ 都是以原点为起点的向量．

10. 一个力的向量表示为 $F=(2,3,4)$，一个质点在这个力的作用下由点 $P(2,1,1)$ 移动到点 $Q(4,7,3)$，求力所做的功．

5.2　空间图形的绘制

5.2.1　绘制空间曲面

1. 绘制二元函数图形

绘制二元函数图形命令的语法格式及意义：

Plot3D[f,{x,x$_{min}$,x$_{max}$},{y,y$_{min}$,y$_{max}$}]　　产生函数 f 在 x 和 y 上的三维图形

Plot3D[{f$_1$,f$_2$,⋯},{x,x$_{min}$,x$_{max}$},{y,y$_{min}$,y$_{max}$}]　　绘制几个函数的三维图形

例 5.2.1　绘制下列空间曲面图形．

（1）$f(x,y)=\sin(x+y^2)$；

（2）$f(x,y)=x^2+y^2$，$g(x,y)=-x^2-y^2$，定义域：$1\leqslant x^2+y^2\leqslant 4$．

解：In[1]:=Plot3D[Sin[x+y^2],{x,-3,3},{y,-2,2}]

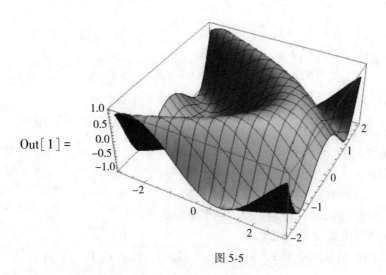

Out[1]=

图 5-5

本例题中题（1）绘图结果如图 5-5 所示．

In[2]:=Plot3D[{x^2+y^2,-x^2-y^2},{x,-2,2},{y,-2,2},ColorFunction→"RustTones"，

RegionFunction→Function[{x,y,z},1<=x^2+y^2<=4]]

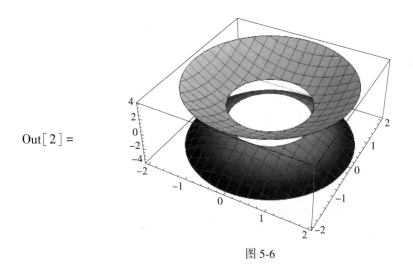

$\mathrm{Out}[\,2\,]=$

图 5-6

本例题中题(2)绘图结果如图 5-6 所示.

说明:(1)Plot3D 大部分选项设置与 Plot 选项设置大同小异,Plot3D 要比 Plot 多一些三维图形显示选项. 例如:ViewPoint(观察图形的视点)、LightSources(点光源设置)和 Boxed(盒子边框)等.

(2)绘图函数选项 RegionFunction,该选项用来指定绘图区域.

例 5.2.2 求函数 $z = \ln(y - x) + \dfrac{\sqrt{x}}{\sqrt{1 - x^2 - y^2}}$ 的定义域,并绘制函数的三维图形.

解:$\mathrm{In}[\,1\,] := \mathrm{Reduce}[\,\mathrm{y-x} \geq 0\,\&\&\,\mathrm{x} \geq 0\,\&\&\,1\mathrm{-x}^2\mathrm{-y}^2 > 0, \{\mathrm{x}, \mathrm{y}\}, \mathrm{Reals}\,]$

$\qquad \mathrm{Plot3D}\left[\,\mathrm{Log}[\,\mathrm{y-x}\,] + \dfrac{\sqrt{\mathrm{x}}}{\sqrt{1\mathrm{-x}^2\mathrm{-y}^2}}, \{\mathrm{x}, 0, 1\}, \{\mathrm{y}, 0, 1\}\,\right]$

$\mathrm{Out}[\,1\,] = 0 \leq \mathrm{x} < \dfrac{1}{\sqrt{2}}\,\&\&\,\mathrm{x} \leq \mathrm{y} < \sqrt{1\mathrm{-x}^2}$

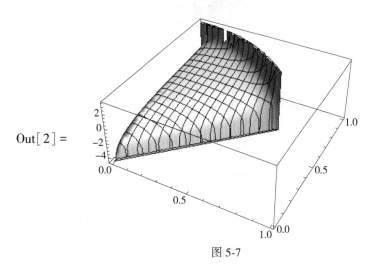

$\mathrm{Out}[\,2\,]=$

图 5-7

说明：Out[1]中的 && 是逻辑和. ‖ 表示逻辑或；！表示逻辑非.

2. 绘制隐式曲面

绘制隐式曲面命令的语法格式及意义：

ContourPlot3D[f==g,{x,x_{min},x_{max}},{y,y_{min},y_{max}},{z,z_{min},z_{max}}]　　绘制隐式曲面

1）绘制平面

例 5.2.3　绘制两平面：$x - 2y + 6z = 1$ 和 $z = 0$.

解：In[1]:=s1=ContourPlot3D[x-2y+6z==1,{x,-2,2},{y,-2,2},{z,-2,2},

　　　　　　ColorFunction→Function[{x,y,z},Hue[0.7]]];

　　　　s2=ContourPlot3D[z==0,{x,-2,2},{y,-2,2},{z,-2,2},

　　　　　　ColorFunction→Function[{x,y,z},Hue[0.2]]];

　　　　　　　　　Show[s1,s2]

Out[1]=

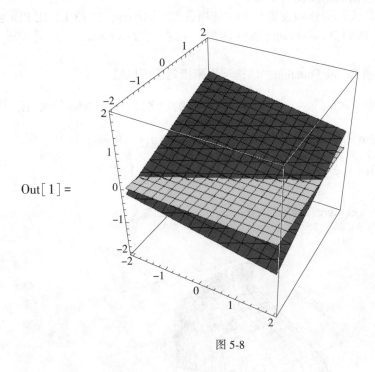

图 5-8

本例题中绘图结果如图 5-8 所示.

2）绘制柱面

例 5.2.4　绘制两柱面：$z = 2x^2 - 1$ 和 $2y^2 + z^2 = 1$.

解：In[1]:=ContourPlot3D[{z==2x²-1,2y²+z²==1},{x,-2,2},{y,-2,2},{z,-2, 2}]

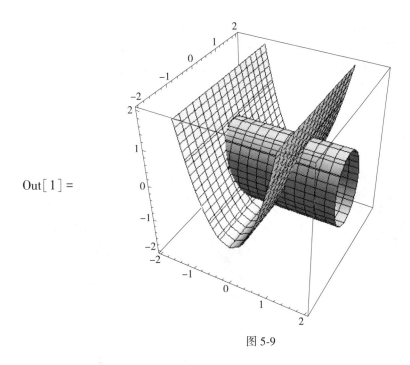

Out[1] =

图 5-9

本例题中绘图结果如图 5-9 所示.

3)绘制二次曲面

例 5.2.5 绘制(1)椭球：$2x^2 + y^2 + 3z^2 = 1$；（2）锥面：$z^2 = 2x^2 + y^2$；（3）椭圆抛物面：$z = x^2 + y^2 - 1$；（4）单叶双曲面：$3x^2 + 4y^2 - 2z^2 = 1$；（5）双曲抛物面：$z = 2x^2 - y^2$；（6）双叶双曲面 $5z^2 - 4x^2 - 3y^2 = 1$.

解：In[1] :=

$\{$ContourPlot3D$[\{2x^2 + y^2 + 3z^2 == 1\}, \{x, -1, 1\}, \{y, -1, 1\}, \{z, -1, 1\}$, PlotLabel→椭球$]$,

ContourPlot3D$[\{z^2 == 2x^2 + y^2\}, \{x, -1, 1\}, \{y, -1, 1\}, \{z, -1, 1\}$, PlotLabel→锥面$]$,

ContourPlot3D$[\{z == x^2 + y^2 - 1\}, \{x, -1, 1\}, \{y, -1, 1\}, \{z, -1, 1\}$, PlotLabel→椭圆抛物面$]\}$

Out[1] =

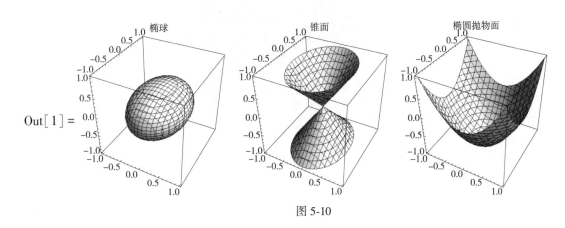

图 5-10

In[2]:= {ContourPlot3D[{3 x^2+4 y^2-2 z^2==1},{x,-1,1},{y,-1,1},{z,-1,1},
PlotLabel→单叶双曲面],ContourPlot3D[{z==2 x^2-y^2},{x,-1,1},
{y,-1,1},{z,-1,1},PlotLabel→双曲抛物面],ContourPlot3D[{5 z^2-4 x^2-3 y^2==1},
{x,-1,1},{y,-1,1},{z,-1,1},PlotLabel→双叶双曲面]}

Out[2]=

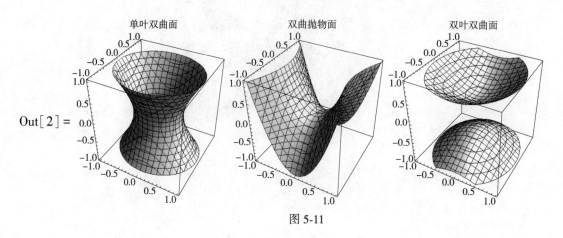

图 5-11

本例题中(1)、(2)、(3)绘图结果如图 5-10 所示,(4)、(5)、(6)绘图结果如图 5-11 所示.

例 5.2.6　绘制曲面: $\sin\dfrac{x}{2} + \cos x\sqrt{y^2 + z^2} = 2$.

解: In[1]:= ContourPlot3D[Sin[$\dfrac{x}{2}$]+Cos[x]$\sqrt{y^2+z^2}$==2,{x,-10,10},{y,-10,10},
{z,-10,10}]

Out[1]=

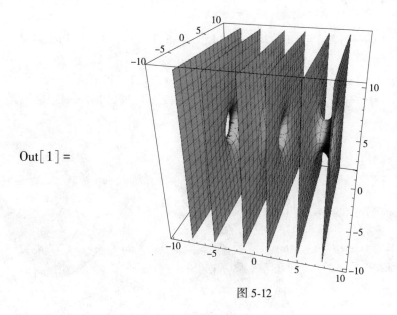

图 5-12

本例题绘图结果如图 5-12 所示.

3. 绘制三维参数式曲面

绘制三维参数式曲面命令的语法格式及意义：

ParametricPlot3D[{fx,fy,fz} , {u,u$_{min}$,u$_{max}$} , {v,v$_{min}$,v$_{max}$}]   绘制三维参数式曲面

例 5. 2. 7　绘制一个莫比乌斯带（Moebius）.

解：In[1]:=ParametricPlot3D[{Cos[t](3+r Cos[t/2]),Sin[t](3+r Cos[t/2]),r Sin[t/2]} ,
　　　　{r,−1,1} , {t,0,2Pi} ,Mesh→{5,10} ,PlotStyle→FaceForm[Red,Yellow]]

Out[1]=
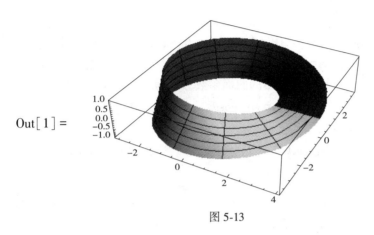

图 5-13

本例题绘图结果如图 5-13 所示.

例 5. 2. 8　绘制由曲面 $z_1 = 3 - 2x^2 - y^2$ 和曲面 $z_2 = x^2 + 2y^2$ 围成的立体图形.

解：In[1]:=z$_1$=3−2 x^2−y^2;z$_2$=x^2+2 y^2;
　　　　x=ρCos[θ] ;y=ρSin[θ] ;
　　　　ParametricPlot3D[{{x,y,z$_1$} , {x,y,z$_2$}} , {θ,0,2π} , {ρ,0,1}]

Out[1]=
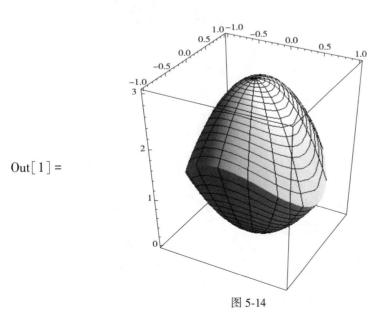

图 5-14

101

本例题绘图结果如图 5-14 所示.

4. 由参数方程绘制旋转面

（1）若曲线 $y = f(x)$（$a \leqslant x \leqslant b$）绕 x 轴旋转得到曲面 S，其中 $f(x) \geqslant 0$，则 S 的参数方程可表示为

$$x = x, \ y = f(x)\cos\theta, \ z = f(x)\sin\theta$$

绘制曲面 S 的方法为：

$$f := f(x);$$
$$\mathrm{ParametricPlot3D}\big[\{x, f\,\mathrm{Cos}[\theta], f\,\mathrm{Sin}[\theta]\}, \{x, a, b\}, \{\theta, \alpha, \beta\}\big]$$

例 5.2.9　绘制由曲线 $y = \sin x$（$0 \leqslant x \leqslant 2\pi$）绕 x 轴旋转得出的曲面.

解：曲线 $y = \sin x$ 绕 x 轴旋转得出的曲面参数方程为

$$x = x, \ y = \sin x \cos\theta, \ z = \sin x \cos\theta$$

$$\mathrm{In}[1] := f := \mathrm{Sin}[x];$$
$$\mathrm{ParametricPlot3D}\big[\{x, f\,\mathrm{Cos}[\theta], f\,\mathrm{Sin}[\theta]\}, \{x, 0, 2\pi\}, \{\theta, 0, 2\pi\}\big]$$

$\mathrm{Out}[1] =$
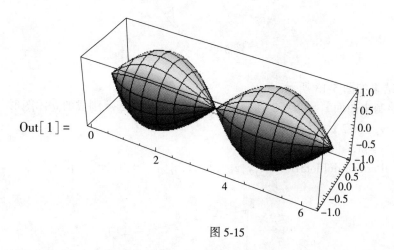

图 5-15

本例题绘图结果如图 5-15 所示.

（2）空间曲线 Γ

$$\begin{cases} x = \varphi(t), \\ y = \psi(t), \quad (\alpha \leqslant t \leqslant \beta) \\ z = \omega(t) \end{cases}$$

绕 z 轴旋转，得到曲面 S 的参数方程可表示为

$$\begin{cases} x = \sqrt{[\varphi(t)]^2 + [\psi(t)]^2}\cos\theta, \\ y = \sqrt{[\varphi(t)]^2 + [\psi(t)]^2}\sin\theta, \quad \begin{pmatrix} \alpha \leqslant t \leqslant \beta, \\ 0 \leqslant \theta \leqslant 2\pi \end{pmatrix}. \\ z = \omega(t) \end{cases}$$

绘制曲面 S 可直接用三维参数式曲面命令 ParametricPlot3D 绘制.

例 5.2.10 绘制由空间直线 $\begin{cases} x = 1, \\ y = t, \\ z = 2t \end{cases}$ $(-2 \leqslant t \leqslant 2)$，绕 z 轴旋转得出的曲面(单叶

双曲面).

解：In[1] := s1 = ParametricPlot3D[{$\sqrt{1+t^2}$ Cos[θ], $\sqrt{1+t^2}$ Sin[θ], 2t}, {t, -2, 2},

{θ, 0, 2π}]; s2 = ParametricPlot3D[{1, t, 2t}, {t, -2.5, 2.5},

PlotStyle→Directive[Red, Thick]]; Show[s1, s2]

Out[1] =

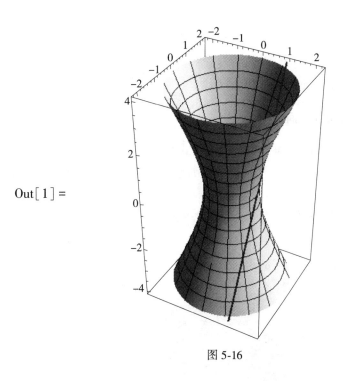

图 5-16

本例题绘图结果如图 5-16 所示.

例 5.2.11 绘制由曲线 $(y-3)^2 + z^2 = 1$ 绕 z 轴旋转得出的曲面.

解：所给曲线参数方程为 $\begin{cases} y = 3 + \cos t, \\ z = \sin t \end{cases}$ $(0 \leqslant t \leqslant 2\pi)$，于是旋转面的参数方程为：

$$\begin{cases} x = |3 + \cos t| \cos\theta, \\ y = |3 + \cos t| \sin\theta, & (0 \leqslant t \leqslant 2\pi, \ 0 \leqslant \theta \leqslant 2\pi) \\ z = \sin t \end{cases}$$

In[1] := ParametricPlot3D[{Abs[3+Cos[t]]Cos[θ], Abs[3+Cos[t]]Sin[θ], Sin[t]},

{t, 0, 2π}, {θ, 0, 2π}]

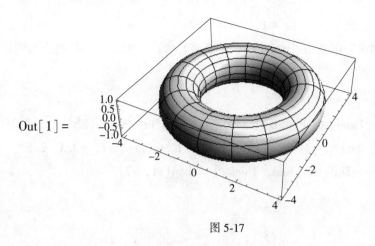

Out[1] =

图 5-17

本例题绘图结果如图 5-17 所示.

5. 由球面坐标参数式绘制空间曲面

由球面坐标参数式绘制空间曲面命令的语法格式及意义：

SphericalPlot3D[r,θ,φ]　　　生成三维图形，球体半径为 r，由坐标 $θ$ 和 $φ$ 函数确定.

例 5.2.12　绘制一个球体.

解：In[1]:=SphericalPlot3D[1,{θ,0,Pi},{φ,0,2Pi}]

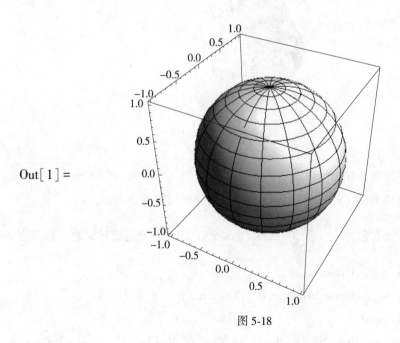

Out[1] =

图 5-18

本例题绘图结果如图 5-18 所示.

6. 由不等式绘制曲面

由不等式绘制曲面命令的语法格式及意义：

RegionPlot3D[pred, {x, x_{min}, x_{max}}, {y, y_{min}, y_{max}}, {z, z_{min}, z_{max}}]   表示 pred 是 True 区域里绘图的三维显示.

例 5.2.13 绘制半个球壳.

解：In[1]: = RegionPlot3D[1≤x^2+y^2+z^2≤3&&y≥0, {x, -2, 2},

{y, -2, 2}, {z, -2, 2}, Mesh→None, PlotPoints→50]

Out[1] =

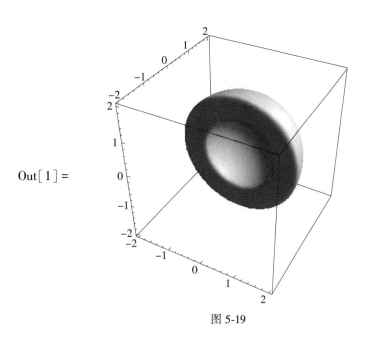

图 5-19

本例题绘图结果如图 5-19 所示.

7. 由数据表绘制空间曲面

由数据表绘制空间曲面命令的语法格式及意义：

ListPlot3D[array]   产生一个表示高度值的数组的三维曲面图

ListPlot3D[{{x_1, y_1, z_1}, {x_2, y_2, z_2}, …}]   产生一个曲面图，在 {x_i, y_i} 处的高度为 z_i.

例 5.2.14 根据曲面网格点高度值绘制空间曲面.

$$\begin{pmatrix} 1 & 0 & 1 & 1 \\ 1 & 2 & 1 & 2 \\ 3 & 0 & 3 & 1 \end{pmatrix}$$

解：In[1]: = ListPlot3D[{{1, 0, 1, 1}, {1, 2, 1, 2}, {3, 0, 3, 1}}, Mesh→All]

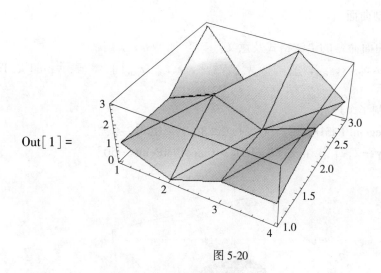

图 5-20

本例题绘图结果如图 5-20 所示.

例 5.2.15　根据坐标 $(0,0,1),(1,0,0),(0,1,0),(1,1,0)$ 数据绘制曲面.

解:In[1]:=ListPlot3D[{{0,0,1},{1,0,0},{0,1,0},{1,1,0}},Mesh→All]

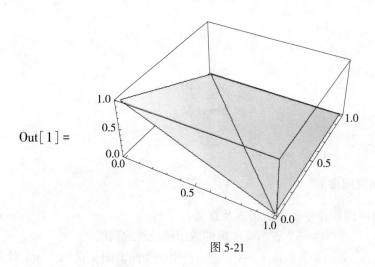

图 5-21

本例题绘图结果如图 5-21 所示.

8. 曲面在坐标面上的投影

例 5.2.16　作曲面 $y = \sin(xy)$ 在坐标面上的投影.

解：In[1]:=f[x_,y_]:=Sin[xy];

Plot3D[f[x,y],{x,0,3},{y,0,3},PlotRange→All]/.Graphics3D[gr_,opts_]→

Graphics3D[{gr, Scale[gr, #, {−1, −1, −1}] } &/@ (1+10^−3−IdentityMatrix[3]) }, opts]

Out[1] =

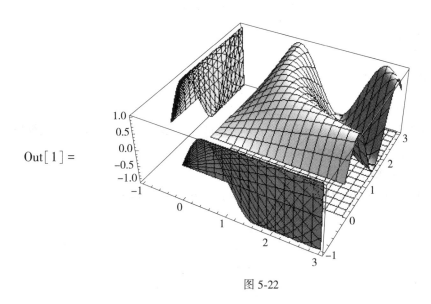

图 5-22

本例题绘图结果如图 5-22 所示.

本例也可以调用外部函数来实现. 若只需要投影两个侧面, 方法如下:

解: In[1] : = f[x_, y_] : = Sin[xy];

s1 = Plot3D[f[x, y], {x, 0, 3}, {y, 0, 3}];

Needs["Graphics3D′"];

Shadow[s1, ZShadow→False]

Out[1] =

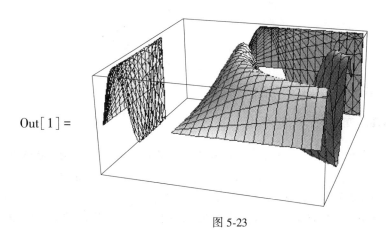

图 5-23

本例调用外部函数绘图结果如图 5-23 所示.

说明: (1) Needs["context′"] 是当指定的上下文已经不在 $ Packages 中时, 装载一

个适当文件.

（2）Shadow［graphic，（opts）］是将三维图像 graphic 投影到坐标平面上.

5.2.2　绘制空间曲线

1. 绘制三维参数式曲线

绘制三维参数式曲线命令的语法格式及意义：

ParametricPlot3D［｛fx,fy,fz｝,｛u,u$_{min}$,u$_{max}$｝］　　产生参数 u 从 u_{min} 到 u_{max} 的三维空间曲线的参数化图形.

例 5.2.17　绘制螺旋线.

解：In［1］:=ParametricPlot3D［｛Sin［u］,Cos［u］,u/10｝,｛u,0,20｝］

Out［1］=

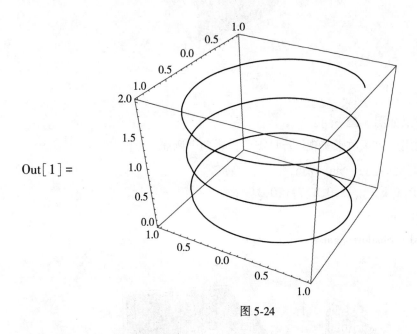

图 5-24

本例绘图结果如图 5-24 所示.

2. 绘制空间曲面的交线

例 5.2.18　绘制曲面 $10 - 6x^2 - 2y^2 = 0$ 和曲面 $-2x^4 + y^3 + z + 20 = 0$ 的交线.

解：In［1］:=F［x_,y_］:=10-6 x^2-2 y^2;G［x_,y_,z_］:=-2 x^4+y^3+z+20;

　　　g1=Plot3D［F［x,y］,｛x,-2,2｝,｛y,-2,2｝］;

　　　g2=ContourPlot3D［G［x,y,z］==0,｛x,-2,2｝,｛y,-2,2｝,｛z,-30,10｝］;

　　　Show［g1,g2］

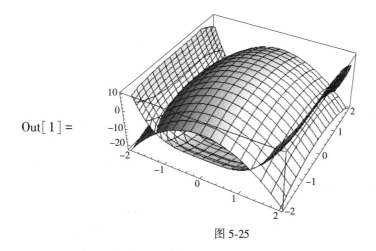

Out[1] =

图 5-25

本例绘图结果如图 5-25 所示.

例 5.2.19　绘制曲面 $z - 2x^2 - 3y^2 = 0$ 和曲面 $z - 4 + y^2 + 2x^2 = 0$ 的交线.

解：In[1]:=F[x_,y_,z_]:=z-2x²-3y²;G[x_,y_,z_]:=z-4+y²+2x²;
　　　　s1=ContourPlot3D[F[x,y,z]==0,{x,-2,2},{y,-2,2},{z,-2,4},
　　　　ContourStyle→{Opacity→0.9,Cyan}];
　　　　s2=ContourPlot3D[G[x,y,z]==0,{x,-2,2},{y,-2,2},{z,-2,4},
　　　　ContourStyle→{Opacity→0.6,Brown}];
　　　s=ContourPlot3D[F[x,y,z]==0,{x,-2,2},{y,-2,2},{z,-2,4},
RegionFunction→Function[{x,y,z},G[x,y,z]≤0],BoundaryStyle→{Thick,Red}];
　　　　Show[s1,s2,s]

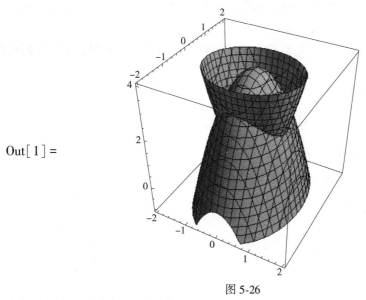

Out[1] =

图 5-26

本例绘图结果如图 5-26 所示.

习 题 5.2

1. 绘制下列函数的三维图形.

(1) $z = |x| + |y|$，定义域：$1 \leqslant x^2 + y^2 \leqslant 4$；　　(2) $z = |xy|$；

(3) $z = \ln (y)^2 - 2x + 1)$；　　(4) $z = \dfrac{1}{1 + x^2 + y^2}$；

(5) $z = (x^2 - y^2)^2$；　　(6) $z = \sin(|x| + |y|)$.

2. 绘制下列函数的图形，并指出曲面类型.

(1) $y = 2$；　　(2) $x = 2z$；

(3) $y = 2 x^2$；　　(4) $x^2 = y^2 + 9 z^2$；

(5) $x - 2y + 3z = 1$；　　(6) $y^2 = 9 y^2 + 9 z^2 + 4$；

(7) $y^2 + 4 y^2 + 9 z^2 = 4$；　　(8) $z = y^2 + xy$.

3. 绘制下列参数方程的图形.

(1) $x = 3\cos\theta, \ y = 3\sin\theta, \ z = r$；　　(2) $x = r\cos\theta, \ y = r\sin\theta, \ z = r^2$；

(3) $x = r\cos\theta, \ y = r\sin\theta, \ z = \theta$；　　(4) $x = r^3, \ y = r\sin\theta, \ z = r\cos\theta$；

(5) $x = (r - \sin r)\cos\theta, \ y = (1 - \cos r)\sin\theta, \ z = r$；

(6) $x = (1 - r)(3 + \cos\theta)\cos 4\pi r, \ y = (1 - r)(3 + \cos\theta)\sin 4\pi r, \ z = 3r + (1 - r)\sin\theta$；

(7) $x = \sin t, \ y = \sin 2t, \ z = \sin 3t$；

(8) $x = (1 + \cos 16t)\cos t, \ y = (1 + \cos 16t)\sin t, \ z = 1 + \cos 16t$；

(9) 三次绕线：$x = t, \ y = t^2, \ z = t^3$；

(10) 三叶形纽结：$x = (2 + \cos 1.5t)\cos t, \ y = (2 + \cos 1.5t)\sin t, \ z = \sin 1.5t$.

4. 求由曲线 $y = \mathrm{e}^{-x}(0 \leqslant x \leqslant 3)$ 绕 x 轴旋转得到的曲面参数方程，并用它们画出曲面的图像.

5. 求由曲线 $y = 4 y^2 - y^4(-2 \leqslant y \leqslant 2)$ 绕 y 轴旋转得到的曲面参数方程，并用它们画出曲面的图像.

6. 绘制立方体区域：$-1 \leqslant x \leqslant 1, \ -1 \leqslant y \leqslant 1, \ -1 \leqslant z \leqslant 1$.

7. 绘制椭圆体区域：$x^2 + y^2 + \dfrac{z^2}{2} \leqslant 3$.

8. 绘制圆锥面 $z = \sqrt{x^2 + y^2}$ 和平面 $z - y = 1$ 的交线.

9. 绘制抛物面 $z = 4 x^2 + y^2$ 和 $y = x^2$ 的交线.

第6章 多元函数微积分

6.1 多元函数

6.1.1 多元函数模型

例 6.1.1 一个多元函数极限的不存在模型. 用软件 Mathematica 生成人机互动的对象 (图 6-1). 拖动滑块, 观察极限值的变化情况, 研究多元函数极限.

解: 结果请扫图 6-1 右侧二维码查看.

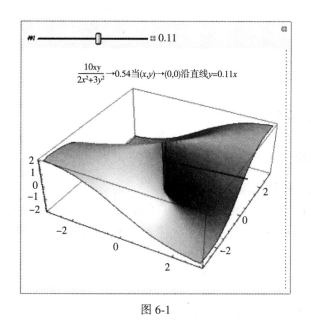

图 6-1

例 6.1.2 二次曲面的切平面模型. 用软件 Mathematica 生成人机互动的对象 (图 6-2): 四种不同的二次函数是用来定义的曲面, 切平面通过一阶泰勒多项式近似 $z = f(x_0, y_0) + f'(x_0, y_0)(x - x_0) + f'(x_0, y_0)(y - y_0)$. 可以改变切点, 观察图形的变化, 研究二次曲面的切平面.

解: 结果请扫图 6-2 右侧二维码查看.

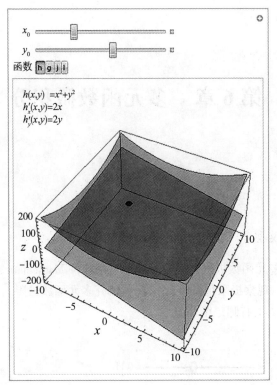

图 6-2

6.1.2　定义多元函数

1. 定义多元函数

定义多元函数, 命令的语法格式及意义:

f(x_,y_)= expr　　　　函数名为 f, 自变量为 x、y, expr 是表达式.

例 6.1.3　求函数 $f(x, y) = x\ln(y^2 - x)$ 的定义域、$f(3, 2)$ 和值域, 并画图显示定义域的区域.

解：In[1] := f[x_,y_] := xLog[y²-x];

Reduce[y²-x>0,{x,y}]

　FunctionDomain[f[x,y],{x,y}]

f[3,2]

FunctionRange[f[x,y],{x,y},z]

RegionPlot[y²-x>0,{x,-2,2},{y,-2,2},Axes→True,AxesStyle→Arrowheads[0.05],Frame→False]

Out[1] = y ∈ ℝ && (x<0 ‖ (x≥0 && (y<-√x ‖ y>√x)))

Out[2] = x-y²<0

Out[3] = 0

FunctionRange:无法找到准确的值域. 返回使用数值最优化方法计算得到范围的边界.

Out[4] = z ≤ 0. 367879

Out[5] =

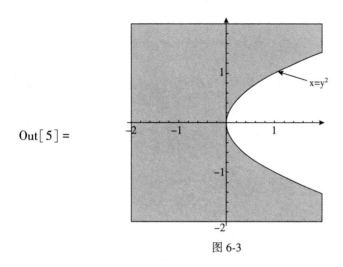

图 6-3

本例题绘图结果如图 6-3 所示.

说明：(1)求多元函数定义域, 既可以用命令 Reduce 通过求解不等式获得, 也可以用命令 FunctionDomain 获得;

(2)求多元函数值域的命令仍然是 FunctionRange;

(3)可以用命令 RegionPlot 画图显示函数定义域的区域.

例 6.1.4 求函数 $f(x, y) = \sqrt{x^2 + y^2 + z^2 - 1} + \ln(16 - x^2 - y^2 - z^2)$ 的定义域.

解：In[1] := FunctionDomain[$\sqrt{x^2+y^2+z^2-1}$ +Log[$16-x^2-y^2-z^2$], {x,y,z}]

Out[1] = $1 \leq x^2+y^2+z^2 < 16$

2. 二元函数图形

例 6.1.5 画下列函数的图形.

(1) $f(x, y) = (x^2 + 3y^2)e^{-x^2-y^2}$;

(2) $f(x, y) = \sin x + \sin y$;

(3) $f(x, y) = \dfrac{\sin x \sin y}{xy}$.

解：In[1] = Plot3D[$(x^2+3y^2)e^{-x^2-y^2}$, {x,-3,3}, {y,-3,3}]

Plot3D[Sin[x]+Sin[y], {x,-2π,2π}, {y,-2π,2π}]

Plot3D[$\dfrac{Sin[x]Sin[y]}{xy}$, {x,-4π,4π}, {y,-4π,4π}, PlotRange→All]

113

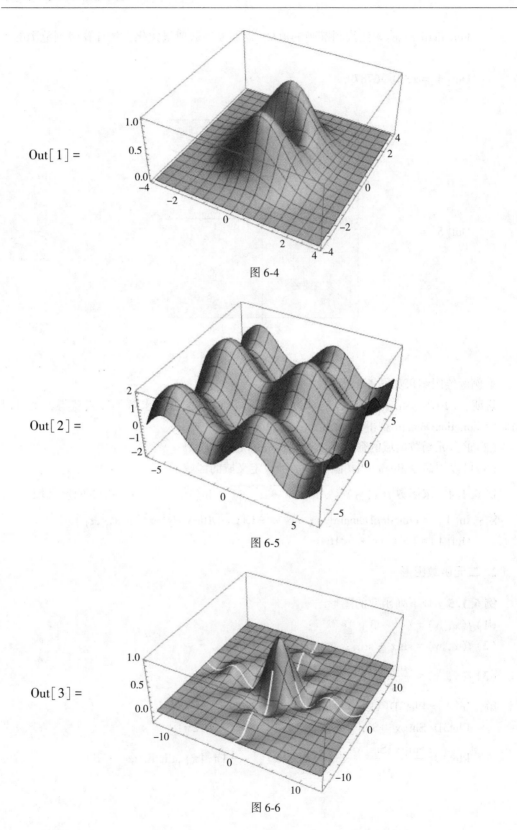

Out[1] =

图 6-4

Out[2] =

图 6-5

Out[3] =

图 6-6

本例题中题(1)、(2)、(3)绘图结果分别如图 6-4、图 6-5、图 6-6 所示.

说明：以上多元函数的图形，我们可以通过变换不同的角度展示这些图形的各个侧面，其中从图 6-4 能看到，除了原点附近以外图像都很贴近 xOy 平面，因为 $e^{-x^2-y^2}$ 当 x、y 很大的时候会变得很小.

6.1.3 多元函数的求导运算

1. 多元函数的极限

例 6.1.6 求下列极限.

(1) $\lim\limits_{(x,\,y)\to(0,\,0)} (x^2+y^2)\sin\dfrac{1}{x^2+y^2}$;　　　(2) $\lim\limits_{(x,\,y)\to(0,\,0)} \dfrac{1-\cos(x^2+y^2)}{(x^2+y^2)e^{x^2y^2}}$;

(3) $\lim\limits_{(x,\,y)\to(1,\,0)} \dfrac{\ln(x+e^y)}{\sqrt{x^2+y^2}}$　　　　　(4) $\lim\limits_{(x,\,y)\to(1,\,0)} \dfrac{1-xy}{x^2+y^2}$.

解：$\text{In}[1]:=\text{Limit}\Big[\text{Limit}\Big[(x^2+y^2)\text{Sin}\Big[\dfrac{1}{x^2+y^2}\Big],x\to0\Big],y\to0\Big]$

$\qquad\text{Limit}\Big[\text{Limit}\Big[\dfrac{1-\text{Cos}[x^2+y^2]}{(x^2+y^2)e^{x^2y^2}},x\to0\Big],y\to0\Big]$

$\qquad\text{Limit}\Big[\text{Limit}\Big[\dfrac{\text{Log}[x+e^y]}{\sqrt{x^2+y^2}},x\to1\Big],y\to0\Big]$

$\qquad\text{Limit}\Big[\text{Limit}\Big[\dfrac{1-x\,y}{x^2+y^2},x\to0\Big],y\to1\Big]$

$\text{Out}[1]=0$

$\text{Out}[2]=0$

$\text{Out}[3]=\log[2]$

$\text{Out}[4]=1$

说明：上述方法只有当所求极限存在时，结论才成立.

2. 求偏导数

求偏导数，命令的语法格式及意义：

$\text{D}[f,x]$　　　　　给出偏导数 $\dfrac{\partial f}{\partial x}$

或利用数学助手面板中求函数偏导数按钮.

例 6.1.7 求 $z=x^2+3xy+y^2$ 在点 $(1,\,2)$ 处的偏导数.

解：$\text{In}[1]:=\partial_x(x^2+3x\,y+y^2)$

$\qquad\text{Out}[1]=2x+3y$

$\qquad\text{In}[2]:=\%/.\{x\to1,y\to2\}$

$\qquad\text{Out}[2]=8$

In[3]:=∂_y(x²+3x y+y²)

Out[3]=3x+2y

In[4]:=%/.{x→1,y→2}

Out[4]=7

3. 求高阶偏导数

求高阶偏导数，命令的语法格式及意义：

D[f,{x,n}]   给出高阶偏导数 $\dfrac{\partial^n f}{\partial x^n}$;

D[f,x,y,⋯]   给出 f 对应于 x，y，⋯的混合偏导数；

D[f,{x₁,n₁},{x₂,n₂},⋯]   给出 f 对应于 x_1，x_2，⋯的 n_1，n_2，⋯阶混合偏导数.

例 6.1.8 已知 $z = x^3 y^2 - 3xy^3 - xy + 1$，求 $\dfrac{\partial^2 z}{\partial x^2}$，$\dfrac{\partial^2 z}{\partial x \partial y}$ 及 $\dfrac{\partial^3 z}{\partial y^3}$.

解：In[1]:=z=x³y²-3x y³-x y+1;

D[z,{x,2}]

D[z,x,y]

D[z,{y,3}]

Out[1]=6x y²

Out[2]=-1+6 x²y-9 y²

Out[3]=-18x

4. 隐函数求偏导数

1）由一个方程情形求偏导数

已知 $F(x, y, z) = 0$，隐函数的求导数公式

$$\frac{\partial z}{\partial x} = -\frac{F_x}{F_z},\ \frac{\partial z}{\partial y} = -\frac{F_y}{F_z}.$$

例 6.1.9 设 $x^2 + y^2 + z^2 - 4z = 0$，求 $\dfrac{\partial^2 z}{\partial x^2}$.

解：In[1]:=F=x²+y²+z²-4z;

D[$-\dfrac{D[F,x]}{D[F,z]}$,x,NonConstants→z]/.D[z,x,NonConstants→{z}]→$-\dfrac{D[F,x]}{D[F,z]}$

Out[2]=$-\dfrac{8 x^2}{(-4+2z)^3}-\dfrac{2}{-4+2z}$

In[3]:=Simplify[$-\dfrac{8 x^2}{(-4+2z)^3}-\dfrac{2}{-4+2z}$]

Out[3]=$-\dfrac{x^2+(-2+z)^2}{(-2+z)^3}$

说明：In[3]是直接按照建议栏提示作化简运算.

例 6.1.10 设 $z^3 - 3xyz = a^3$，求 $\dfrac{\partial^2 z}{\partial x \partial y}$.

解：In[1]:= F = z^3 - 3xyz - a^3;

$$D\left[-\frac{D[F,x]}{D[F,z]}, y, \text{NonConstants} \rightarrow z\right] / .$$

$$\left\{D[z,x,\text{NonConstants}\rightarrow\{z\}]\rightarrow -\frac{D[F,x]}{D[F,z]}, D[z,y,\text{NonConstants}\rightarrow\{z\}]\rightarrow\right.$$

$$\left. -\frac{D[F,y]}{D[F,z]}\right\}$$

$$\text{Out}[2] = \frac{9x\,y\,z}{(-3x\,y+3\,z^2)^2} + \frac{3z}{-3x\,y+3\,z^2} - \frac{3y\,z(-3x+\frac{18x\,z^2}{-3x\,y+3\,z^2})}{(-3x\,y+3\,z^2)^2}$$

$$\text{In}[3]:= \text{Simplify}\left[\frac{9x\,y\,z}{(-3x\,y+3\,z^2)^2} + \frac{3z}{-3x\,y+3z^2} - \frac{3y\,z(-3x+\frac{18x\,z^2}{-3x\,y+3\,z^2})}{(-3x\,y+3\,z^2)^2}\right]$$

$$\text{Out}[3] = \frac{x^2\,y^2\,z + 2x\,y\,z^3 - z^5}{(x\,y - z^2)^3}$$

2)由方程组情形求导数

求隐函数 $\begin{cases} F(x,\ y,\ z) = 0, \\ G(x,\ y,\ z) = 0 \end{cases}$ 的导数 $\dfrac{dy}{dx}$ 和 $\dfrac{dz}{dx}$，在原有的求导数命令中，选用参数 NonConstants，求导的方法如下：

$$D[\{F(x,y,z)==0, G(x,y,z)==0\}, x, \text{NonConstants} \rightarrow \{y,z\}];$$
$$\text{Solve}[\%, \{D[y, x, \text{NonConstants} \rightarrow \{y,z\}], D[z, x, \text{NonConstants} \rightarrow \{y,z\}]\}]$$

例 6.1.11 求由方程组 $\begin{cases} z = x^2 + y^2, \\ x^2 + 2y^2 + 3z^2 = 20 \end{cases}$ 确定的函数的导数 $\dfrac{dy}{dx}$ 和 $\dfrac{dz}{dx}$.

解：In[1]:= D[{x^2+y^2==z, x^2+2 y^2+3 z^2==20}, x, NonConstants→{z,y}];
Solve[%, {D[y,x,NonConstants→{z,y}], D[z,x,NonConstants→{z,y}]}]

$$\text{Out}[1] = \left\{\left\{D[y,x,\text{NonConstants}\rightarrow\{y,z\}]\rightarrow -\frac{x+6x\,z}{2y(1+3z)},\right.\right.$$

$$\left.\left. D[z,x,\text{NonConstants}\rightarrow\{y,z\}]\rightarrow\frac{x}{1+3z}\right\}\right\}$$

说明：In[1]首先对两个方程的两边 x 求导，再解出 $\dfrac{dy}{dx}$ 和 $\dfrac{dz}{dx}$.

3)由方程组情形求偏导数

求隐函数 $\begin{cases} F(x,\ y,\ u,\ v) = 0, \\ G(x,\ y,\ u,\ v) = 0 \end{cases}$ 的偏导数 $\dfrac{\partial u}{\partial x}$ 和 $\dfrac{\partial v}{\partial x}$，选用参数 NonConstants，求导的方法如下：

$\text{D}\big[\,\{F(x,y,u,v)==0,G(x,y,u,v)==0\},x,\,NonConstants\,\text{->}\,\{u,v\}\,\big];$

$\text{Solve}\big[\,\%,\{D[u,\,x,\,NonConstants\,\text{->}\,\{u,v\}\,],\,D[v,\,x,\,NonConstants\,\text{->}\,\{u,v\}\,]\}\,\big]$

类似方法求 $\dfrac{\partial u}{\partial y}$ 和 $\dfrac{\partial v}{\partial y}$.

例 6.1.12　求由方程组 $\begin{cases} xu-yv=0,\\ yu+xv=1 \end{cases}$ 确定的函数的偏导数 $\dfrac{\partial u}{\partial x},\dfrac{\partial v}{\partial x},\dfrac{\partial u}{\partial y}$ 和 $\dfrac{\partial v}{\partial y}$.

解： $\text{In}[1]:=\text{D}[\{x\ u-y\ v==0,y\ u+x\ v==1\},x,NonConstants\rightarrow\{u,v\}];$

$\text{Solve}[\%,\{D[u,x,NonConstants\rightarrow\{u,v\}],D[v,x,NonConstants\rightarrow\{u,v\}]\}]$

$\qquad\text{D}[\{x\ u-y\ v==0,y\ u+x\ v==1\},y,NonConstants\rightarrow\{u,v\}];$

$\text{Solve}[\%,\{D[u,y,NonConstants\rightarrow\{u,v\}],D[v,y,NonConstants\rightarrow\{u,v\}]\}]$

$\text{Out}[2]=\{\{D[u,x,NonConstants\rightarrow\{u,v\}]\rightarrow-\dfrac{u\ x+v\ y}{x^2+y^2},$

$\qquad\qquad D[v,x,NonConstants\rightarrow\{u,v\}]\rightarrow-\dfrac{v\ x-u\ y}{x^2+y^2}\}\}$

$\text{Out}[4]=\{\{D[u,y,NonConstants\rightarrow\{u,v\}]\rightarrow-\dfrac{-v\ x+u\ y}{x^2+y^2},$

$\qquad\qquad D[v,y,NonConstants\rightarrow\{u,v\}]\rightarrow-\dfrac{u\ x+v\ y}{x^2+y^2}\}\}$

5. 求全导数和全微分

求全导数和全微分，命令的语法格式及意义：

Dt[f,x]　　　　　给出全导数 $\dfrac{\mathrm{d}f}{\mathrm{d}x}$;

Dt[f]　　　　　　给出全微分 $\mathrm{d}f$.

例 6.1.13　求函数 $y=ax+b$ 关于 x 的全导数和全微分.

解： $\text{In}[1]:=\text{Dt}[a\ x+b,x]$

$\qquad\text{Dt}[a\ x+b]$

$\qquad\text{Out}[1]=a+x\text{Dt}[a,x]+\text{Dt}[b,x]$

$\qquad\text{Out}[2]=x\text{Dt}[a]+\text{Dt}[b]+a\text{Dt}[x]$

说明： Out[1] 中的 Dt[a,x] 和 Dt[b,x] 即 $\dfrac{\mathrm{d}a}{\mathrm{d}x}$ 和 $\dfrac{\mathrm{d}b}{\mathrm{d}x}$; Out[2] 中的 Dt[a]、Dt[b] 和 Dt[x] 即 $\mathrm{d}a$、$\mathrm{d}b$ 和 $\mathrm{d}x$.

6. 抽象函数求导

例 6.1.14　计算 $\dfrac{\partial^5 h(x,\ 2y)}{\partial y^3\partial y^2}$.

解： $\text{In}[1]:=\text{D}[h[x,2y],\{x,3\},\{y,2\}]$

$\qquad\text{Out}[1]=4\ h^{(3,2)}[x,2y]$

118

6.1.4 空间曲线的切线与法平面

1. 求由参数方程给出的空间曲线的切线与法平面方程

设空间曲线 Γ 的参数方程为

$$\begin{cases} x = x(t), \\ y = y(t), \quad t \in [\alpha, \beta]. \\ z = z(t), \end{cases}$$

都在 $[\alpha, \beta]$ 可导，且三个导数不同时为零. 则在曲线 Γ 上一点 $M(x_0, y_0, z_0)$ 处的切线向量计算方法为：

$$s[t\_] := \{x[t], y[t], z[t]\};$$
$$s'[t]$$

例 6.1.15 求曲线 $x = \dfrac{t}{1+t}$, $y = \dfrac{1+t}{t}$, $z = t^2$ 在对应于 $t_0 = 1$ 点处的切线及法平面方程.

解: $\text{In}[1] := x[t\_] := \dfrac{t}{1+t}; y[t\_] := \dfrac{1+t}{t}; z[t\_] := t^2;$

$$s[t\_] := \{x[t], y[t], z[t]\}; s'[t]$$

$\text{Out}[1] = \{-\dfrac{t}{(1+t)^2} + \dfrac{1}{1+t}, \dfrac{1}{t} - \dfrac{1+t}{t^2}, 2t\}$

$\text{In}[2] := \%/.t \to 1$

$\text{Out}[2] = \{\dfrac{1}{4}, -1, 2\}$

$\text{In}[3] := \dfrac{x - x[1]}{x'[1]} == \dfrac{y - y[1]}{y'[1]} == \dfrac{z - z[1]}{z'[1]}$

$\qquad (x - x[1]) x'[1] + (y - y[1]) y'[1] + (z - z[1]) z'[1] == 0$

$\text{Out}[3] = 4(-\dfrac{1}{2} + x) == 2 - y == \dfrac{1}{2}(-1 + z)$

$\text{Out}[4] = 2 + \dfrac{1}{4}(-\dfrac{1}{2} + x) - y + 2(-1 + z) == 0$

$\text{In}[5] := \text{Simplify}[\%]$

$\text{Out}[5] = 1 + 8y == 2(x + 8z)$

说明: Out[3] 和 Out[5] 分别为所求的切线和法平面方程.

2. 求由两曲面交线的切线与法平面方程

设空间曲线 Γ 方程为

$$\begin{cases} F(x, y, z) = 0, \\ G(x, y, z) = 0. \end{cases}$$

则在曲线 Γ 上的一点 $M(x, y, z)$ 处的切线向量 $\boldsymbol{T}$ 的计算方法为：

$$F[x\_,y\_,z\_] := f(x,y,z); G[x\_,y\_,z\_] := g(x,y,z);$$
$$A = D[F[x,y,z], \{\{x,y,z\}\}]; B = D[G[x,y,z], \{\{x,y,z\}\}];$$
$$T = \text{Cross}[A,B]$$

例 6.1.16 求曲线 $\begin{cases} x^2 + y^2 + z^2 - 3x = 0, \\ 2x - 3y + 5z - 4 = 0 \end{cases}$ 在点 $(1, 1, 1)$ 处的切线和法平面方程.

解：$\text{In}[1] := F[x\_,y\_,z\_] := x^2+y^2+z^2-3x; G[x\_,y\_,z\_] := 2x-3y+5z-4;$
$$x0=1; y0=1; z0=1;$$
$$A = D[F[x,y,z], \{\{x,y,z\}\}]/.\{x \to x0, y \to y0, z \to z0\}$$
$$B = D[G[x,y,z], \{\{x,y,z\}\}]/.\{x \to x0, y \to y0, z \to z0\}$$
$$T = \text{Cross}[A,B]$$
$$\frac{x-x0}{T[[1]]} = = \frac{y-y0}{T[[2]]} = = \frac{z-z0}{T[[3]]}$$
$$(x-x0)T[[1]] + (y-y0)T[[2]] + (z-z0)T[[3]] = = 0$$

$\text{Out}[1] = \{-1,2,2\}$

$\text{Out}[2] = \{2,-3,5\}$

$\text{Out}[3] = \{16,9,-1\}$

$\text{Out}[4] = \dfrac{1}{16}(-1+x) = = \dfrac{1}{9}(-1+y) = = 1-z$

$\text{Out}[5] = 1+16(-1+x)+9(-1+y)-z = = 0$

$\text{Out}[6] = \text{Simplify}[\%]$

$\text{Out}[7] = 16x+9y = = 24+z$

说明：$\text{Out}[4]$ 和 $\text{Out}[7]$ 分别为所求的切线和法平面方程.

6.1.5 曲面的切平面与法线

设曲面方程

$$F(x, y, z) = 0$$

则曲面在一点 $M(x, y, z)$ 处的法向量 $\boldsymbol{n}$ 的计算方法为：

$$F[x\_,y\_,z\_] := f(x,y,z)$$
$$\boldsymbol{n} = D[F[x,y,z], \{\{x,y,z\}\}]$$

例 6.1.17 求球面 $x^2 + y^2 + z^2 = 14$ 在点 $(1, 2, 3)$ 处的切平面和法线方程.

解：$\text{In}[1] := F[x\_,y\_,z\_] := x^2+y^2+z^2-14;$
$$x0=1; y0=2; z0=3;$$
$$n = D[F[x,y,z], \{\{x,y,z\}\}]/.\{x \to x0, y \to y0, z \to z0\}$$
$$\frac{x-x0}{n[[1]]} = = \frac{y-y0}{n[[2]]} = = \frac{z-z0}{n[[3]]}$$
$$(x-x0)n[[1]] + (y-y0)n[[2]] + (z-z0)n[[3]] = = 0$$

$\text{Out}[4] = \{2,4,6\}$

$\text{Out}[5]=\dfrac{1}{2}(-1+x)==\dfrac{1}{4}(-2+y)==\dfrac{1}{6}(-3+z)$

$\text{Out}[6]=2(-1+x)+4(-2+y)+6(-3+z)==0$

$\text{In}[7]=\text{Simplify}[\%]$

$\text{Out}[7]=x+2y+3z==14$

说明：$\text{Out}[5]$ 和 $\text{Out}[7]$ 分别为所求的法线和切平面方程.

6.1.6 梯度与方向导数

1. 梯度

设函数 $f(x,y)$ 在平面区域 D 内具有一阶连续偏导数，则函数 $f(x,y)$ 在点 $P(x,y)$ 的梯度 **grad**$f(x,y)$ 计算方法为：

$$\text{f}[\text{x\_},\text{y\_}]=f(x,y);$$
$$\textbf{grad}=\text{D}[\text{f}[\text{x},\text{y}],\{\{\text{x},\text{y}\}\}].$$

例 6.1.18 设 $f(x,y)=\sin(xy)$，求梯度 **grad**$f(x,y)$ 和 **grad**$f(0.8,0.9)$，并作出梯度场和等值线图形.

解：$\text{In}[1]:=\text{f}[\text{x\_},\text{y\_}]=\text{Sin}[\text{x y}];x_0=0.8;y_0=0.9;$

$$\text{grad}=\text{D}[\text{f}[\text{x},\text{y}],\{\{\text{x},\text{y}\}\}]$$
$$\%/.\{\text{x}\to x_0,\text{y}\to y_0\}$$
$$\text{VectorPlot}[\text{Evaluate}[\text{grad}],\{\text{x},0,1\},\{\text{y},0,1\}]$$

$\text{Out}[1]=\{\text{yCos}[\text{xy}],\text{xCos}[\text{xy}]\}$

$\text{Out}[2]=\{0.484456,0.484456\}$

$\text{Out}[3]=$

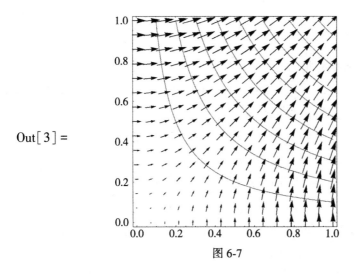

图 6-7

本例题绘图结果如图 6-7 所示.

说明：(1)梯度场图形命令的语法格式及意义：

VectorPlot$[\{v_x,v_y\},\{x,x_{min},x_{max}\},\{y,y_{min},y_{max}\}]$　　绘制由 x 和 y 的函数所决定的向量区域 $\{v_x,\;v_y\}$ 的向量图.

（2）等值线图形命令的语法格式及意义：

ContourPlot$[f,\{x,x_{min},x_{max}\},\{y,y_{min},y_{max}\}]$　　产生作为 x 和 y 的函数 f 的等高线图.

若函数 $f(x,\;y,\;z)$ 在平面区域 D 内具有一阶连续偏导数，则函数 $f(x,\;y,\;z)$ 在点 $P(x,\;y,\;z)$ 的梯度 **grad**$f(x,\;y,\;z)$ 计算方法为：

$$f[x\_,y\_,z\_]=f(x,y,z)\,;$$

$$\mathbf{grad}=D[f[x,y,z],\{\{x,y,z\}\}]$$

例 6.1.19　画函数 $f(x,\;y)=-x\,y\,e^{-x^2-y^2}$ 的等高线以及函数图像.

解：In$[1]:=\{$ContourPlot$[-x\,y\,e^{-x^2-y^2},\{x,-2,2\},\{y,-2,2\}$,Contours$\to 15$,

ContourLabels$\to$True$]$,Plot3D$[-x\,y\,e^{-x^2-y^2},\{x,-2,2\},\{y,-2,2\}]\}$

Out$[1]=\Bigg\{$ 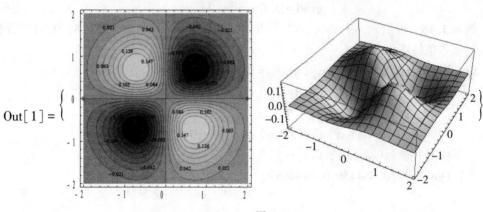 $\Bigg\}$

图 6-8

本例题绘图结果如图 6-8 所示.

例 6.1.20　设 $f(x,\;y,\;z)=x^2+2y^2+3z^2+xy+3x-2y-6z$，求梯度 **grad**$f(x,\;y,\;z)$ 和 **grad**$f(0,\;0,\;0)$，并作出梯度场图形.

解：In$[1]:=$f$[x\_,y\_,z\_]=x^2+2y^2+3z^2+x\,y+3x-2y-6z\,;$

$$x_0=0\,;y_0=0\,;z_0=0\,;$$

$$\mathbf{grad}=D[f[x,y,z],\{\{x,y,z\}\}]$$

$$\%/.\{x\to x_0,y\to y_0,z\to z_0\}$$

VectorPlot3D$[$Evaluate$[$grad$],\{x,-1,1\},\{y,-1,1\},\{z,-1,1\}]$

Out$[1]=\{3+2x+y,-2+x+4y,-6+6z\}$

Out$[2]=\{3,-2,-6\}$

Out[3] =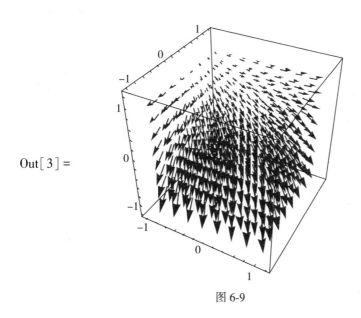

图 6-9

本例题绘图结果如图 6-9 所示.

说明：梯度场图形命令的语法格式及意义：

$$\mathrm{VectorPlot3D}\big[\,\{v_x,v_y,v_z\}\,,\{x,x_{\min},x_{\max}\}\,,\{y,y_{\min},y_{\max}\}\,,\{z,z_{\min},z_{\max}\}\,\big]$$

绘制由 x、y 和 z 的函数所决定的向量区域 $\{v_x,\,v_y,\,v_z\}$ 的向量图.

2. 方向导数

如果 $f(x,\,y)$ 是 x 和 y 的一个可微函数，对于任何一个单位向量 **u**，$f(x,\,y)$ 的一个方向导数为

$$\mathrm{D}_u f(x,\,y)=\mathbf{grad}f(x,\,y)\cdot \boldsymbol{u}$$

例 6.1.21　求函数 $z=xe^{2y}$ 在点 $P(1,\ 0)$ 处，沿向量 $\boldsymbol{s}=(1,\ -1)$ 方向的方向导数.

解：$\mathrm{In}[1]:=\mathrm{f}[\mathrm{x\_},\mathrm{y\_}]=\mathrm{x\ e}^{2y};\mathrm{x}_0=1;\mathrm{y}_0=0;\mathrm{s}=\{1,-1\};$

$$\mathrm{D}[\mathrm{f}[\mathrm{x},\mathrm{y}],\{\{\mathrm{x},\mathrm{y}\}\}]$$

$$\mathrm{grad}=\%/.\{\mathrm{x}\to\mathrm{x}_0,\mathrm{y}\to\mathrm{y}_0\}$$

$$\mathrm{grad.Normalize}[\mathrm{s}]$$

$\mathrm{Out}[3]=\{e^{2y},2e^{2y}\ x\}$

$\mathrm{Out}[4]=\{1,2\}$

$\mathrm{Out}[5]=\dfrac{1}{\sqrt{2}}-\sqrt{2}$

$\mathrm{Out}[5]$ 所求的方向导数：$\dfrac{1}{\sqrt{2}}-\sqrt{2}=-\dfrac{\sqrt{2}}{2}$.

如果 $f(x, y, z)$ 是 x、y 和 z 的一个可微函数, 对于任何一个单位向量 u, $f(x, y, z)$ 的一个方向导数为

$$D_u f(x, y, z) = \mathbf{grad} f(x, y, z) \cdot u$$

例 6.1.22　求 $f(x, y, z) = xy + yz + zx$ 在点 $(1, 1, 2)$ 沿方向 l 的方向导数, 其中 l 的方向角分别为 $60°$、$45°$ 和 $60°$.

解：$\text{In}[1] := f[x\_, y\_, z\_] = x\,y + y\,z + z\,x; x_0 = 1; y_0 = 1; z_0 = 2;$

$$s = \left\{ \text{Cos}\left[\frac{\pi}{3}\right], \text{Cos}\left[\frac{\pi}{4}\right], \text{Cos}\left[\frac{\pi}{3}\right] \right\};$$

$$D[f[x, y, z], \{\{x, y, z\}\}]$$

$$\text{grad} = \% /. \{x \to x_0, y \to y_0, z \to z_0\}$$

$$\text{grad.Normalize}[s]$$

$\text{Out}[4] = \{y + z, x + z, x + y\}$

$\text{Out}[5] = \{3, 3, 2\}$

$\text{Out}[6] = \dfrac{5}{2} + \dfrac{3}{\sqrt{2}}$

$\text{Out}[6]$ 所求的方向导数：$\dfrac{5}{2} + \dfrac{3}{\sqrt{2}}$.

6.1.7　多元函数的极值

求条件极值, 命令的语法格式及意义：

MinValue[{f,cons},{x,y,⋯}]　　　　给出约束条件 cons 下 f 的最小值.

MaxValue[{f,cons},{x,y,⋯}]　　　　给出约束条件 cons 下 f 的最大值.

Minimize[{f,cons},{x,y,⋯}]　　　　根据约束条件 cons 得出 f 的最小值.

Maximize[{f,cons},{x,y,⋯}]　　　　根据约束条件 cons 得出 f 的最大值.

FindMinimum[{f,cons},{x,y,⋯}]　　求出满足 cons 约束条件的局部极小值.

FindMaximum[{f,cons},{x,y,⋯}]　　求出满足 cons 约束条件的局部极大值.

例 6.1.23　求函数 $z = xy$ 在适合附加条件 $x + y = 1$ 下的极大值.

解：$\text{In}[1] := \text{FindMaximum}[\{x\,y, x + y == 1\}, \{x, y\}]$

$\text{Out}[1] = \{0.25, \{x \to 0.5, y \to 0.5\}\}$

极大值：$z(0.5, 0.5) = 0.25$

$\text{In}[2] := g1 = \text{ContourPlot3D}[\{x\,y == z, x + y == 1\}, \{x, -2, 2\}, \{y, -2, 2\}, \{z, -2, 3\}];$

　　　$g2 = \text{Graphics3D}[\{\text{PointSize}[0.03], \text{Pink}, \text{Point}[\{0.5, 0.5, 0.25\}]\}]; \text{Show}$ [g1,g2]

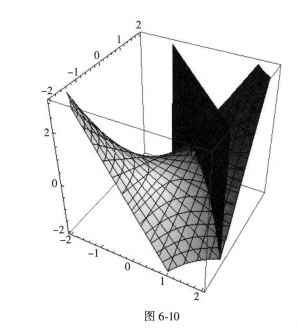

Out[4]=

图 6-10

本例题绘图结果如图 6-10 所示.

例 6.1.24 求函数 $f(x, y) = x^3 - y^3 + 3x^2 + 3y^2 - 9x$ 的极值, 作图并画等高线.

解: (1) 求驻点.

In[1]:=f[x_,y_]:=x³-y³+3 x²+3 y²-9x;
　　　　fx=D[f[x,y],x];fy=D[f[x,y],y];
　　　　Solve[fx==0&&fy==0,{x,y}]
　　Out[2]={{x→-3,y→0},{x→1,y→0},{x→-3,y→2},{x→1,y→2}}

求得驻点为(-3, 0), (1, 0), (-3, 2), (1, 2).

(2) 求二阶偏导数.

In[3]:=A=D[f[x,y],x,x];B=D[f[x,y],x,y];c=D[f[x,y],y,y];
　　　　Δ=A*c-B²

Out[4]=(6+6x)(6-6y)

(3) 判别极值.

In[5]:={Δ,A,f[x,y]}/.{x→-3,y→0}
　　　　{Δ,A,f[x,y]}/.{x→1,y→0}
　　　　{Δ,A,f[x,y]}/.{x→-3,y→2}
　　　　{Δ,A,f[x,y]}/.{x→1,y→2}

Out[5]={-72,-12,27}

Out[6]={72,12,-5}

Out[7]={72,-12,31}

Out[8]={-72,12,-1}

于是：

在$(-3, 0)$处，$\Delta<0$，所以$f(-3, 0)$不是极值；

在$(1, 0)$处，$\Delta>0$，$A>0$，所以函数在$(1, 0)$处有极小值$f(1, 0)=-5$；

在$(-3, 2)$处，$\Delta>0$，$A<0$，所以函数在$(-3, 2)$处有极大值$f(-3, 2)=31$；

在$(1, 2)$处，$\Delta<0$，所以$f(1, 2)$不是极值.

(4) 作函数图像和画等高线.

In$[9]:=\{$ContourPlot3D$[x^3-y^3+3\,x^2+3\,y^2-9x==z,\{x,-5,3\},\{y,-2,4\},\{z,-6,50\}]$,

ContourPlot$[x^3-y^3+3\,x^2+3\,y^2-9x,\{x,-5,3\},\{y,-2,4\}$,ContourLabels$\rightarrow$True,

ContourShading$\rightarrow$None,Contours$\rightarrow$Function$[\{\min,\max\}$,Range$[\min,\max,1]]]\}$

Out$[9]=$

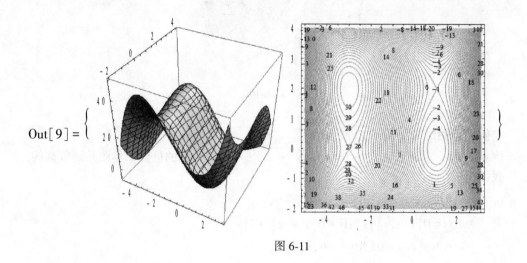

图 6-11

本例题绘图结果如图 6-11 所示.

习 题 6.1

1. 已知函数 $f(x, y)=\ln(x+y-1)$. （1）求值 $f(e, 1)$；（2）求函数的定义域；（3）求函数的值域.

2. 已知函数 $f(x, y)=\ln(x+y-1)$. （1）求值 $f(e, 1)$；（2）求函数的定义域；（3）求函数的值域.

3. 画下列函数的图形.

   $(1) f(x, y)=-xye^{-x^2-y^2}$；

   $(2)\ f(x, y)=\dfrac{-3y}{x^2+y^2+1}$；

   $(3) f(x, y)=\dfrac{\sqrt{y-x^2}}{1-x^2}$；

   $(4)\ f(x, y)=\sin(\,|x|+|y|\,)$.

4. 求下列极限.

(1) $\lim\limits_{(x,\,y)\to(3,\,-4)} \sqrt{x^2 + y^2}$;

(2) $\lim\limits_{(x,\,y)\to(1,\,0)} \dfrac{\ln(x + e^y)}{\sqrt{x^2 + y^2}}$;

(3) $\lim\limits_{(x,\,y)\to(0,\,0)} \dfrac{2 - \sqrt{xy + 4}}{xy}$;

(4) $\lim\limits_{(x,\,y)\to(0,\,0)} \dfrac{x^2 - xy}{\sqrt{x} - \sqrt{y}}$;

(5) $\lim\limits_{(x,\,y)\to(0,\,0)} \dfrac{xy}{\sqrt{2 - e^{xy}} - 1}$;

(6) $\lim\limits_{(x,\,y)\to(0,\,0)} \dfrac{3x^2 y}{x^2 + y^2}$.

5. 求下列函数的偏导数.

(1) $z = \sqrt{x^2 + y^2}$;

(2) $z = \sqrt{\ln(xy)}$;

(3) $z = \sin(xy) + \cos^2(xy)$;

(4) $z = \dfrac{x^2 + y^2}{xy}$;

(5) $z = \ln\tan\dfrac{x}{y}$;

(6) $z = (1 + xy)^y$;

(7) $u = x^{\frac{y}{z}}$;

(8) $z = \log_y x$;

(9) $\displaystyle\int_x^y g(t)\,\mathrm{d}t$ (g 对所有 t 连续).

6. 求下列函数的所有二阶偏导数.

(1) $z = x^3 + 2x^4 y^2$;

(2) $z = \arctan\dfrac{y}{x}$;

(3) $z = y^x$;

(4) $z = \dfrac{y}{x + y}$;

(5) $z = e^{-x}\sin y$;

(6) $z = \sqrt{x^2 + y}$.

7. 设 $z = xy^2 + yz^2 + zx^2$, 求 $f_{xx}(0,\,0,\,1)$, $f_{xz}(1,\,0,\,2)$, $f_{yz}(0,\,-1,\,0)$ 及 $f_{zzx}(2,\,0,\,1)$.

8. 设 $e^z - xyz = 0$, 求 $\dfrac{\partial^2 z}{\partial x^2}$, $\dfrac{\partial^2 z}{\partial x\partial y}$.

9. 求由下列方程组所确定的函数的导数或偏导数.

(1) 设 $\begin{cases} z = x^2 + y^2, \\ x^2 + 2y^2 + 3z^2 = 20, \end{cases}$ 求 $\dfrac{\mathrm{d}y}{\mathrm{d}x}$, $\dfrac{\mathrm{d}z}{\mathrm{d}x}$.

(2) 设 $\begin{cases} x + y + z = 0, \\ x^2 + y^2 + z^2 = 1, \end{cases}$ 求 $\dfrac{\mathrm{d}x}{\mathrm{d}z}$, $\dfrac{\mathrm{d}y}{\mathrm{d}z}$.

(3) 设 $\begin{cases} x = e^u + u\sin v, \\ y = e^u - u\cos v, \end{cases}$ 求 $\dfrac{\partial u}{\partial x}$, $\dfrac{\partial u}{\partial y}$, $\dfrac{\partial v}{\partial x}$, $\dfrac{\partial v}{\partial y}$.

10. 求下列曲线在已知点处的切线及法平面方程.

(1) $x = \sin t$, $y = t^2 - \cos t$, $z = e^2$; 点 $t_0 = 0$;

(2) $x = 2\sin t$, $y = 2\cos t$, $z = 5t$; 点 $t_0 = 4\pi$;

(3) $x = a\sin t$, $y = a\cos t$, $z = bt$; 点 $t_0 = 2\pi$;

(4) $x = \cos t$, $y = \sin t$, $z = \sin 2t$; 点 $t_0 = \dfrac{\pi}{2}$;

(5) $x = y$, $z = x^2$; 点 $M(1, 1, 1)$;

(6) $x^2 + z^2 = 10$, $y^2 + z^2 = 10$; 点 $M(1, 1, 3)$;

(7) $x^2 + y^2 + z^2 = 6$, $x + y + z = 0$; 点 $M(1, -2, 1)$.

11. 求下列曲面在点 M_0 处的切平面和法线方程.

(1) $z = x^2 + y^2$; 点 $M_0(1, 2, 5)$;

(2) $e^z - z + xy = 3$; 点 $M_0(2, 2, 0)$;

(3) $x^2 + y^2 + z^2 = 169$; 点 $M_0(3, 4, 12)$;

(4) $ax^2 + by^2 + cz^2 = 1$; 点 $M_0(x_0, y_0, z_0)$.

12. 设 $f(x, y) = \dfrac{x^2 + y^2}{2}$, 求梯度 $\mathbf{grad}\, f(x, y)$ 和 $\mathbf{grad}\, f(1, 1)$, 并作出梯度场和等值线图形.

13. 设 $f(x, y, z) = \sqrt{x + yz}$, 点 $P(1, 3, 1)$, $\boldsymbol{u} = \left(\dfrac{2}{7}, \dfrac{3}{7}, \dfrac{6}{7}\right)$. 求 (1) 求函数 f 的梯度; (2) 计算 P 点的梯度值; (3) 计算 P 点沿方向 $\boldsymbol{u}$ 的变化率.

14. 计算函数在给定点沿方向向量 $\boldsymbol{u}$ 的方向导数.

(1) $f(x, y) = 1 + 2x\sqrt{y}$, 点 $(3, 4)$, $u = (4, -3)$;

(2) $f(x, y) = \ln(x^2 + y^2)$, 点 $(2, 1)$, $u = (-1, 2)$;

(3) $f(x, y, z) = \sqrt{x^2 + y^2 + z^2}$, 点 $(1, 2, -2)$, $u = (-6, 6, -3)$;

(4) $f(x, y, z) = xy^2 + y^2 - xyz$, 点 $(1, 1, 2)$, $u = \left(\dfrac{1}{2}, \dfrac{\sqrt{2}}{2}, \dfrac{1}{2}\right)$.

15. 点 (x, y, z) 的温度由公式
$$T(x, y, z) = 200\, e^{-x^2 - 3y^2 - 9z^2}$$
给出.

(1) 计算点 $P(2, -1, 2)$ 指向 $(3, -3, 3)$ 方向温度的变化率;

(2) 求在 P 点使温度升高最快的方向;

(3) 求 P 点最大温度升高率.

16. 求下列函数的极值, 作图并画等高线.

(1) $f(x, y) = 4(x - y) - x^2 - y^2$;

(2) $f(x, y) = (6x - x^2)(4y - y^2)$;

(3) $f(x, y) = e^{2x}(x + y^2 + 2y)$.

17. 抛物面 $z = x^2 + y^2$ 被平面 $x + y + z = 1$ 截成一椭圆, 求这椭圆上的点到原点的距离的最大值和最小值.

18. 求点 $(1, 0, -2)$ 到平面 $x + 2y + z = 4$ 的最短距离.

6.2 多元函数的积分运算

6.2.1 重积分模型

例 6.2.1 用许多长方体逼近一个立体体积的模型. 用软件 Mathematica 生成人机互动的对象(图 6-12). 改变侧边数和方法, 观察图形、体积值和误差的变化, 研究二重积分.

解: 结果请扫图 6-12 右侧的二维码查看.

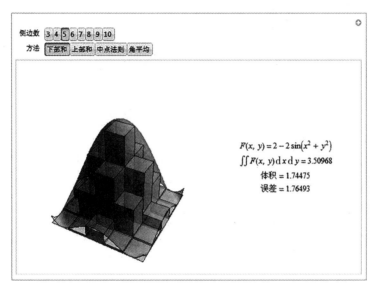

图 6-12

6.2.2 重积分计算

1. 求多重积分

求多重积分, 命令的语法格式及意义:

Integrate$[f,\{x,a,b\},\{y,y_1,y_2\}]$ 给出多重积分 $\displaystyle\int_a^b dx \int_{y_1(x)}^{y_2(x)} f(x,y) dy$.

方法一: 直接用累次积分公式计算(完全传统方法):

$$\int_a^b dx \int_{y_1(x)}^{y_2(x)} f(x,y) dy \text{ 或者 } \int_c^d dy \int_{x_1(x)}^{x_2(x)} f(x,y) dx;$$

也可用 Mathematica 提供函数计算(传统方法, 只是形式不同):

$$\text{Integrate}[f(x,y),\{x,a,b\},\{y,y_1,y_2\}].$$

方法二: 调用 Bool(布尔)计算(非传统方法, 无须转化累次积分):

$$\mathrm{Integrate}[\,f(\mathrm{x},\ \mathrm{y})\,\mathrm{Bool}[\,\mathrm{pred}\,],\ \{\mathrm{x},\ \mathrm{a},\ \mathrm{b}\},\ \{\mathrm{y},\ \mathrm{y}_1,\ \mathrm{y}_2\}\,]\,,$$

含义：在 pred 为 True 的积分区域上对 $f(x,\ y)$ 进行积分.

方法三：在几何区域 D 上求积分(非传统方法，无须转化累次积分)：

$$\mathrm{Integrate}[\,f(\mathrm{x},\ \mathrm{y}),\ \{\mathrm{x},\ \mathrm{y}\} \in \mathrm{D}\,] \qquad \text{给出多重积分} \iint\limits_{D} f(x,\ y)\,\mathrm{d}\sigma.$$

方法四：重积分数值近似(近似计算)：

(1) $\mathrm{NIntegrate}[\,f(\mathrm{x},\ \mathrm{y}),\ \{\mathrm{x},\ \mathrm{a},\ \mathrm{b}\},\ \{\mathrm{y},\ \mathrm{y}_1,\ \mathrm{y}_2\}\,]$；

(2) $\mathrm{NIntegrate}[\,f(\mathrm{x},\ \mathrm{y})\,\mathrm{Bool}[\,\mathrm{pred}\,],\ \{\mathrm{x},\ \mathrm{a},\ \mathrm{b}\},\ \{\mathrm{y},\ \mathrm{y}_1,\ \mathrm{y}_2\}\,]$；

(3) $\mathrm{NIntegrate}[\,f(\mathrm{x},\ \mathrm{y}),\ \{\mathrm{x},\ \mathrm{y}\} \in \mathrm{D}\,]$.

计算三重积分或多重积分类似.

例 6.2.2 计算下列重积分.

(1) $\displaystyle\int_1^2 \mathrm{d}y \int_y^2 xy\mathrm{d}x$；
   (2) $\displaystyle\int_{-1}^1 \mathrm{d}x \int_x^2 y\sqrt{1+x^2-y^2}\,\mathrm{d}y$；

(3) $\displaystyle\int_0^{\frac{1}{2}} \mathrm{d}x \int_0^{1-2x} \mathrm{d}y \int_0^{1-2x-y} x\mathrm{d}z$；
   (4) $\displaystyle\int_0^{\frac{\pi}{2}} \mathrm{d}x \int_0^{\frac{\pi}{2}-x} \mathrm{d}y \int_0^{\frac{\pi}{2}-x-y} \sin(x+y+z)\,\mathrm{d}z$.

解：$\mathrm{In}[\,1\,]:=\displaystyle\int_1^2 \int_y^2 \mathrm{xy}\mathrm{dx}\mathrm{dy}$

$$\int_{-1}^1 \int_x^2 \mathrm{y}\sqrt{1+\mathrm{x}^2-\mathrm{y}^2}\,\mathrm{dy}\mathrm{dx}$$

$$\int_0^{\frac{1}{2}} \int_0^{1-2\mathrm{x}} \int_0^{1-2\mathrm{x}-\mathrm{y}} \mathrm{xdzdydx}$$

$$\int_0^{\frac{\pi}{2}} \int_0^{\frac{\pi}{2}-\mathrm{x}} \int_0^{\frac{\pi}{2}-\mathrm{x}-\mathrm{y}} \sin(\mathrm{x}+\mathrm{y}+\mathrm{z})\,\mathrm{dzdydx}$$

$\mathrm{Out}[\,1\,]=\dfrac{9}{8}$

$\mathrm{Out}[\,2\,]=\dfrac{1}{2}$

$\mathrm{Out}[\,3\,]=\dfrac{1}{96}$

$\mathrm{Out}[\,4\,]=\dfrac{1}{2}(-2+\pi)$

例 6.2.3 计算累次积分 $\displaystyle\int_0^1 \int_x^1 \sin(y^2)\,\mathrm{d}y\mathrm{d}x$.

解：由于 $\int \sin(y^2)\,\mathrm{d}y$ 没有初等的原函数，所以 $\int \sin(y^2)\,\mathrm{d}y$ 在有限的步骤中是不可能求出的，于是要考虑改变原累次积分顺序. 用 Mathematica 提供方法无须改变积分顺序就可立即得到正确的结果.

$\mathrm{In}[\,3\,]:=\mathrm{Integrate}[\,\mathrm{Sin}[\,\mathrm{y}^2\,],\{\mathrm{x},0,1\},\{\mathrm{y},\mathrm{x},1\}\,]$

$$\text{Out}[3]=\text{Sin}\left[\frac{1}{2}\right]^2$$

再看改变积分顺序情况:

$$\text{In}[4]:=\text{Integrate}\left[\text{Sin}\left[y^2\right],\{y,0,1\},\{x,0,y\}\right]$$

$$\text{Out}[4]=\text{Sin}\left[\frac{1}{2}\right]^2$$

结果完全相同.

例 6.2.4 计算牟合方盖的体积(图 6-13): $x^2+y^2\le r^2$ 和 $x^2+z^2\le r^2$ 所围成的体积.

解: $\text{In}[1]:=\text{Integrate}\left[\text{Boole}\left[x^2+y^2\le r^2\&\& x^2+z^2\le r^2\right],\right.$
$$\left.\{x,-\infty,\infty\},\{y,-\infty,\infty\},\{z,-\infty,\infty\},\text{Assumptions}\to r>0\right]$$

$$\text{Out}[1]=\frac{16\,r^3}{3}$$

例 6.2.5 求由坐标平面及 $z=2$，$y=3$，$x+y+z=4$ 所围成的角柱体体积(图 6-14).

解: $\text{In}[1]:=\int_0^\infty\int_0^\infty\int_0^\infty\text{Boole}\left[x+y+z\le4\&\&x\le2\&\&y\le3\right]dxdydz$

$$\text{Out}[1]=\frac{55}{6}$$

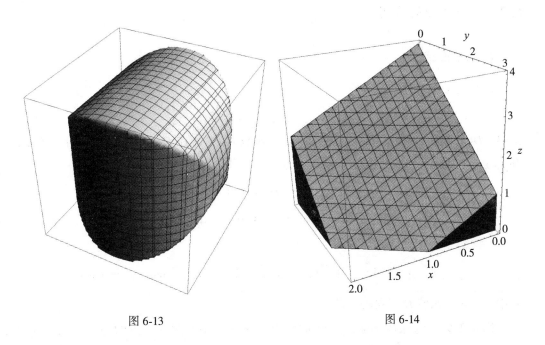

图 6-13   图 6-14

例 6.2.6 计算 $\iint\limits_D e^{\frac{y-x}{y+x}}dxdy$，其中 D 是由 x 轴、y 轴和直线 $x+y=2$ 所围成的闭区域.

解: $\text{In}[1]:=\int_{-\infty}^\infty\int_{-\infty}^\infty e^{\frac{y-x}{y+x}}\text{Boole}\left[x+y\le2\&\&x\ge0\&\&y\ge0\right]dxdy$

$$\text{Out}[\,1\,]=\frac{-1+e^2}{e}$$

例 6.2.7　计算 $\displaystyle\iint_D \sqrt{1-\frac{x^2}{a^2}-\frac{y^2}{a^2}}\,dxdy$，其中 D 为椭圆 $\dfrac{x^2}{a^2}+\dfrac{y^2}{b^2}=1$ 所围成的闭区域.

解：$\text{In}[\,1\,] :=\text{Integrate}\big[\,\sqrt{1-\dfrac{x^2}{a^2}-\dfrac{y^2}{b^2}}\,\text{Boole}\big[\dfrac{x^2}{a^2}+\dfrac{y^2}{b^2}\le 1\big]$,

$\{x,-\infty,\infty\},\{y,-\infty,\infty\},\text{Assumptions}\rightarrow\{a{>}0,b{>}0\}\,]$

$$\text{Out}[\,1\,]=\frac{2ab\pi}{3}$$

说明：手工计算必须作变量代换. 用 Boole 命令就可以避免这个麻烦.

例 6.2.8　计算 $\displaystyle\int_0^1 dx\int_0^1 dy\int_0^1 \frac{1}{\sqrt{x+y^2+z^3}}dz$.

解：$\text{In}[\,1\,]:=\text{NIntegrate}\big[\dfrac{1}{\sqrt{x+y^2+z^3}},\{x,0,1\},\{y,0,1\},\{z,0,1\}\big]$

$$\text{Out}[\,1\,]=1.\,0885$$

6.2.3　重积分的应用

1. 求曲面面积

设曲面 S 由方程

$$z=f(x,\ y)$$

给出，D 为曲面 S 在 xOy 面上的投影区域，函数 $f(x,\ y)$ 在 D 上具有连续偏导数 $f_x(x,\ y)$ 和 $f_y(x,\ y)$. 曲面 S 的面积 A 计算方法为：

$$z=f(x,\ y)\,;$$

$\text{Integrate}\big[\,\sqrt{1+(\text{D}[\,z,\ x\,])^2+(\text{D}[\,z,\ y\,])^2}\,\text{Boole}\,[\,\text{expr}\,],\ \{x,\ -\infty,\ \infty\},\ \{y,\ -\infty,$
$\infty\},\,]$

$$\Big(\text{或者：}\int_{-\infty}^{\infty}\int_{-\infty}^{\infty}\sqrt{1+(\text{D}[\,z,\ x\,])^2+(\text{D}[\,z,\ y\,])^2}\,\text{Boole}\,[\,\text{expr}\,]\,dxdy\Big)$$

其中，expr 为区域 D 成立的条件.

例 6.2.9　计算曲面面积，其中曲面为 $z=x^2+2y$ 在区域 S 上方的部分，S 为 xOy 平面上的上三角区域，三个顶点分别为 $(0,\ 0)$，$(1,\ 0)$，$(1,\ 1)$.

解：$\text{In}[\,1\,]=\text{Graphics}\,[\,\{\text{Pink},\text{Polygon}\,[\,\{\{0,0\},\{1,0\},\{1,1\}\}\,]\},\text{Axes}\rightarrow\text{True},$
$\text{AxesStyle}\rightarrow\text{Arrowheads}\,[\,0.\,05\,]\,]$

Out[1] =

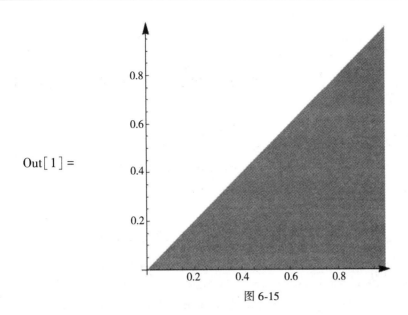

图 6-15

In[2]:= z=x²+2y;

Integrate[$\sqrt{1+(D[z,x])^2+(D[z,y])^2}$, {x, y} ∈ Polygon[{{0, 0}, {1, 0}, {1, 1}}]]

Out[2] = $\frac{9}{4} - \frac{5\sqrt{5}}{12}$

本例题绘图结果如图 6-15 所示.

说明：在 In[1]中有两个命令，其命令的语法格式及意义：

Graphics[primitives, options] 表示一个二维图形；

Polygon[{pt₁, pt₂, …}] 表示一个填充多边形的基本图形.

例 6.2.10 求半径为 a 的球的表面积.

解：取上半球面方程为 $z = \sqrt{a^2 - x^2 - y^2}$，则它在 xOy 面上的投影区域 $D = \{(x, y) \mid x^2 + y^2 \leqslant a^2\}$.

In[1]:= z=$\sqrt{a^2-x^2-y^2}$; Integrate[$\sqrt{1+(D[z,x])^2+(D[z,y])^2}$

Boole[x²+y²≤a²], {x, -∞, ∞}, {y, -∞, ∞}, Assumptions→a>0]

Out[2] = 2 a²π

2. 求质心

区域 D 上，密度函数为 $\rho(x, y)$ 的薄片，其质心坐标为 $(\bar{x}, \bar{y})$，求质心计算方法为：

$$\rho = f(x, y);$$

$$\bar{x} = \frac{\int_0^\infty \int_0^\infty x\rho \text{Boole}[\text{expr}] dxdy}{\int_0^\infty \int_0^\infty \rho \text{Boole}[\text{expr}] dxdy}$$

$$\overline{y} = \frac{\displaystyle\int_0^\infty \int_0^\infty y\rho\,\text{Boole}[\,\text{expr}\,]\,\mathrm{d}x\mathrm{d}y}{\displaystyle\int_0^\infty \int_0^\infty \rho\,\text{Boole}[\,\text{expr}\,]\,\mathrm{d}x\mathrm{d}y}$$

其中，expr 为区域 D 成立的条件.

例 6.2.11　半圆形薄片上各点的密度与其到圆心的距离成正比，求薄片的质心.

解：设薄片位于圆 $x^2 + y^2 = a^2$ 的上半部分. (x, y) 到圆心（原点）的距离为 $\sqrt{x^2 + y^2}$. 故密度函数为

$$\rho = K\sqrt{x^2 + y^2}$$

其中 K 是常数. 则

$\text{In}[\,1\,]:= \rho = K\sqrt{x^2 + y^2}\,;$

$\dfrac{\text{Integrate}[\,x\rho\text{Boole}[\,x^2+y^2 \le a^2\,]\,,\{x,-\infty,\infty\},\{y,0,\infty\},\text{Assumptions}\to a>0\,]}{\text{Integrate}[\,\rho\text{Boole}[\,x^2+y^2 \le a^2\,]\,,\{x,-\infty,\infty\},\{y,0,\infty\},\text{Assumptions}\to a>0\,]}$

$\dfrac{\text{Integrate}[\,y\rho\text{Boole}[\,x^2+y^2 \le a^2\,]\,,\{x,-\infty,\infty\},\{y,0,\infty\},\text{Assumptions}\to a>0\,]}{\text{Integrate}[\,\rho\text{Boole}[\,x^2+y^2 \le a^2\,]\,,\{x,-\infty,\infty\},\{y,0,\infty\},\text{Assumptions}\to a>0\,]}$

$\text{Out}[\,2\,]= 0$

$\text{Out}[\,3\,]= \dfrac{3a}{2\pi}$

所以，质心为 $\left(0, \dfrac{3a}{2\pi}\right)$.

3. 求转动惯量

1）求平面薄片的转动惯量

区域 D 上，密度函数为 $\rho(x, y)$ 的薄片，其对 x 轴和 y 轴的转动惯量分别为 I_x 和 I_y，其公式为：

$$I_x = \iint\limits_D y^2\rho(x, y)\,\mathrm{d}S; \qquad I_y = \iint\limits_D x^2\rho(x, y)\,\mathrm{d}S$$

例 6.2.12　计算密度函数为 $\rho(x, y) = \mu$，以原点为圆心，半径为 r 的均匀圆盘的转动惯量 I_x 和 I_y.

解：区域 D 的边界 $x^2 + y^2 = r^2$，于是

$\text{In}[\,1\,]:= \rho = \mu\,;$

$\text{Integrate}[\,y^2\rho\text{Boole}[\,x^2+y^2 \le r^2\,]\,,\{x,-\infty,\infty\},\{y,-\infty,\infty\},\text{Assumptions}\to\{r>0,\rho>0\}\,]$

$\text{Out}[\,2\,]= \dfrac{1}{4}\pi\,r^4\mu$

故　$I_x = I_y = \dfrac{1}{4}\pi r^4\mu = \dfrac{1}{4}mr^2$.

其中，圆盘的质量 $m = $ 密度 $\times$ 面积 $= \mu(\pi r^2)$.

2）求三维物体的转动惯量

在空间有界闭区域 Ω 上，密度函数为 $\rho = \rho(x,y,z)$（假设 $\rho(x,y,z)$ 在 Ω 上连续），其对 x 轴、y 轴和 z 轴的转动惯量分别为 I_x、I_y 和 I_z，其公式为：

$$I_x = \iiint\limits_{\Omega} (y^2 + z^2)\rho\,\mathrm{d}A ; \qquad I_y = \iiint\limits_{\Omega} (z^2 + x^2)\rho)\,\mathrm{d}A ; \qquad I_z = \iiint\limits_{\Omega} (x^2 + y^2)\rho\,\mathrm{d}A.$$

例 6.2.13 一个盆形的立体密度函数为常数 ρ，有界闭区域 Ω 由抛物面 $z = 4y^2$，平面 $z = 4$，$x = -1$ 和 $x = 1$ 所围成，求三个轴的转动惯量.

解：有界闭区域 Ω（图 6-16）：

$\text{In}[1] := \text{RegionPlot3D}\left[4y^2 \leq z \leq 4, \{x, -1, 1\}, \{y, -2, 2\}, \{z, 0, 4\}\right]$

$\text{Out}[1] =$

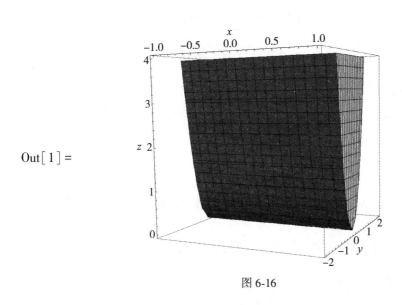

图 6-16

三个轴的转动惯量为：

$\text{In}[2] := \text{expr} = -1 \leq x \leq 1 \,\&\&\, 4y^2 \leq z \leq 4;$

$\text{Integrate}\left[(y^2+z^2)\rho\,\text{Boole}[\text{expr}], \{x, -\infty, \infty\}, \{y, -\infty, \infty\}, \{z, 0, \infty\}, \text{Assumptions} \rightarrow \rho > 0\right]$

$\text{Integrate}\left[(z^2+x^2)\rho\,\text{Boole}[\text{expr}], \{x, -\infty, \infty\}, \{y, -\infty, \infty\}, \{z, 0, \infty\}, \text{Assumptions} \rightarrow \rho > 0\right]$

$\text{Integrate}\left[(x^2+y^2)\rho\,\text{Boole}[\text{expr}], \{x, -\infty, \infty\}, \{y, -\infty, \infty\}, \{z, 0, \infty\}, \text{Assumptions} \rightarrow \rho > 0\right]$

$\text{Out}[3] := \dfrac{7904\rho}{105}$

$\text{Out}[4] := \dfrac{4832\rho}{63}$

$\text{Out}[5] := \dfrac{256\rho}{45}$

习 题 6.2

1. 计算下列重积分.

$(1) \int_0^2 dx \int_0^{\pi/2} x\sin y\,dy$；

$(2) \int_0^1 dx \int_1^2 \dfrac{xe^x}{y}\,dy$；

$(3) \int_0^1 dx \int_0^1 \dfrac{xy}{\sqrt{x^2 + y^2 + 1}}\,dy$；

$(4) \int_0^1 dx \int_0^1 \dfrac{x - y}{(x + y)^3}\,dy$；

$(5) \int_0^1 dy \int_y^{e^y} \sqrt{x}\,dx$；

$(6) \int_0^{\pi/2} d\theta \int_0^{\cos\theta} e^{\sin\theta}\,dr$；

$(7) \int_0^1 dx \int_0^{1-x^2} dy \int_3^{4-x^2-y} x\,dz$；

$(8) \int_0^1 dz \int_0^{\pi} dy \int_0^{\pi} y\sin z\,dx$.

2. 利用不等式给出的积分区域求下列重积分.

$(1) \iint\limits_{D} x^3 y^2 dA$，其中 $D = \{(x, y) \mid 0 \leqslant x \leqslant 2, \ -x \leqslant y \leqslant x\}$；

$(2) \iint\limits_{D} e^{x+y} dA$，其中 $D = \{(x, y) \mid |x| + |y| \leqslant 1\}$；

$(3) \iint\limits_{D} x\cos y\,dA$，其中 D 是由 $y = 0$，$y = x^2$，$x = 1$ 围成的区域；

$(4) \iint\limits_{D} (2x - y)dA$，其中 D 的边界是以原点为圆心，半径为 2 的圆.

3. 计算下列所给立体图形的体积.

(1) 平面 $x + 2y - z = 0$ 下，$y = x$ 与 $y = x^4$ 围成的区域上；

(2) 平面 $x = 0$，$y = 0$，$z = 0$ 与 $x + y + z = 1$ 围成的立体图形；

(3) xOy 平面内直线 $y = x$，$x = 0$ 和 $x + y = 2$ 所围三角形区域之上，抛物面 $z = x^2 + y^2$ 以下的曲顶柱体的体积；

(4) 第一卦限内被曲面 $z = 4 - x^2 - y$ 截出的立体的体积.

4. 计算下列曲面的面积.

(1) 平面 $z = 2 + 3x + 4y$ 在长方形 $[0, 5] \times [1, 4]$ 区域内的部分；

(2) 平面 $3x + 2y + z = 6$ 在第一象限的部分；

(3) 曲面 $z = xy$ 在圆柱面 $x^2 + y^2 = 1$ 内的部分；

(4) 在抛物面 $z = x^2 + y^2$ 内部的球面 $x^2 + y^2 + z^2 = 4z$.

5. 求一密度为常数的立体质心，该立体由抛物面 $z = x^2 + y^2$ 和平面 $z = 4$ 所界.

6. 求密度为 ρ 的均匀球体对于过球心的一条轴 l 的转动惯量.

6.3 曲线积分与曲面积分

6.3.1 曲线积分

1. 对弧长的曲线积分

若 $f(x, y)$ 在曲线弧 L 上的曲线积分 $\int_L f(x, y)\,\mathrm{d}s$ 存在, L 的参数方程为

$$\begin{cases} x = \varphi(t), \\ y = \psi(t) \end{cases} (\alpha \leqslant t \leqslant \beta)$$

计算 $\int_L f(x, y)\,\mathrm{d}s$ 的方法为:

$$f = f(x, y);$$
$$x = \varphi(t); \quad y = \psi(t);$$
$$\int_\alpha^\beta f\sqrt{(D[x, t])^2 + (D[y, t])^2}\,\mathrm{d}t$$

例 6.3.1 计算 $\int_L \sqrt{y}\,\mathrm{d}s$, 其中 L 是抛物线 $y = x^2$ 上点 $O(0, 0)$ 与点 $B(1, 1)$ 之间的一段弧.

解: L 的参数方程可表示为

$$\begin{cases} x = x, \\ y = x^2 \end{cases} (0 \leqslant x \leqslant 1)$$

于是

$$\text{In}[1] := f = \sqrt{y}; x = x; y = x^2;$$
$$\int_0^1 f\sqrt{(D[x, x])^2 + (D[y, x])^2}\,\mathrm{d}x$$

$$\text{Out}[2] = \frac{1}{12}(-1 + 5\sqrt{5})$$

例 6.3.2 计算曲线积分 $\int_C (2 + x^2 y)\,\mathrm{d}s$, 其中 C 是单位圆 $x^2 + y^2 = 1$ 的上部.

解: C 的参数方程为

$$\begin{cases} x = \cos x, \\ y = \sin x \end{cases} (0 \leqslant t \leqslant \pi)$$

于是

$$\text{In}[1] := f = 2 + x^2 y; x = \cos[t]; y = \sin[t];$$
$$\int_0^\pi f\sqrt{(D[x, t])^2 + (D[y, t])^2}\,\mathrm{d}t$$

$$\text{Out}[2] = \frac{2}{3} + 2\pi$$

类似地，空间曲线弧 Γ 由参数方程

$$x = \varphi(t)\,,\ y = \varphi(t)\,,\ z = \omega(t)\,(\alpha \leqslant t \leqslant \beta)$$

给出的情形，就有

$$f = f(x,\ y,\ z)\,;$$
$$x = \varphi(t)\,;\ y = \varphi(t)\,;\ z = \omega(t)\,;$$
$$\int_{\alpha}^{\beta} f \sqrt{(\,D[\,x,\ t\,]\,)^2 + (\,D[\,y,\ t\,]\,)^2 + (\,D[\,z,\ t\,]\,)^2}\, dt$$

例 6.3.3 计算曲线积分 $\int_{C}(x^2 + y^2 + z^2)\mathrm{d}s$，其中 C 为螺旋线 $x = a\cos t$，$y = a\sin t$，$z = kt$ 上相应于 t 从 0 到 2π 的一段弧.

解：$\mathrm{In}[\,1\,] := f = x^2 + y^2 + z^2\,;$
$$x = a\mathrm{Cos}[\,t\,]\,; y = a\mathrm{Sin}[\,t\,]\,; z = kt\,;$$
$$\int_{0}^{2\pi} f \sqrt{(\,D[\,x,t\,]\,)^2 + (\,D[\,y,t\,]\,)^2 + (\,D[\,z,t\,]\,)^2}\, dt$$

$$\mathrm{Out}[\,3\,] = 2\,a^2\sqrt{a^2 + k^2}\,\pi + \frac{8}{3}k^2\sqrt{a^2 + k^2}\,\pi^3$$

2. 对坐标的曲线积分

若 $P(x,\ y)$、$Q(x,\ y)$ 在有向曲线弧 L 上的曲线积分 $\int_{L} P(x,\ y)\mathrm{d}x + Q(x,\ y)\mathrm{d}y$ 存在，L 的参数方程为

$$\begin{cases} x = \varphi(t)\,, \\ y = \psi(t) \end{cases}$$

参数 t 单调地由 α 变到 β，计算 $\int_{L} P(x,\ y)\mathrm{d}x + Q(x,\ y)\mathrm{d}y$ 的方法为：

$$P = P(x,\ y)\,;\ Q = Q(x,\ y)\,;$$
$$x = \varphi(t)\,;\ y = \psi(t)\,;$$
$$\int_{\alpha}^{\beta} (\,PD[\,x,\ t\,] + QD[\,y,\ t\,]\,)\, dt$$

例 6.3.4 计算 $\int_{L} xy\mathrm{d}x$，其中 L 为抛物线 $y^2 = x$ 上从点 $A(1,\ -1)$ 到点 $B(1,\ 1)$ 的一段弧(图 6-17).

解：L 的参数方程可设为

$$\begin{cases} x = t^2\,, \\ y = t \end{cases} \qquad (-1 \leqslant t \leqslant 1)$$

于是

$\mathrm{In}[\,1\,] := P = x\, y\,;$
$$x = t^2\,; y = t\,;$$
$$\int_{-1}^{1} PD[\,x,t\,]\, dt$$

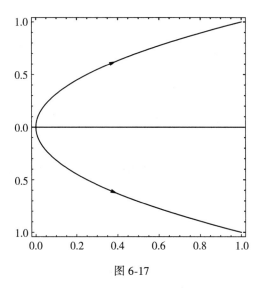

图 6-17

$$\text{Out}[3] = \frac{4}{5}$$

类似地，空间曲线弧 $\varGamma$ 是由参数方程

$$x = \varphi(t), \ x = \varphi(t), \ z = \omega(t) \, (\alpha \leqslant t \leqslant \beta)$$

给出的情形，计算 $\displaystyle\int_L P(x, y, z)\mathrm{d}x + Q(x, y, z)\mathrm{d}y + R(x, y, z)\mathrm{d}z$ 的方法为

$$P = P(x, y, z); \ Q = Q(x, y, z); \ R = R(x, y, z);$$
$$x = \varphi(t); \ y = \psi(t); \ z = \omega(t);$$
$$\int_\alpha^\beta (PD[x, t] + QD[y, t] + RD[z, t]) \, \mathrm{d}t$$

例 6.3.5 求力场 $F(x, y, z) = xy\mathbf{i} + yz\mathbf{j} + zx\mathbf{k}$ 沿三次绕线 C

$$x = t, \ y = t^2, \ z = t^3 \, (0 \leqslant t \leqslant 1)$$

移动质点所做的功.

解：$\text{In}[1] := P = x\,y; Q = y\,z; R = z\,x;$
$$x = t; y = t^2; z = t^3;$$
$$\int_0^1 (PD[x, t] + QD[y, t] + RD[z, t]) \, \mathrm{d}t$$
$$\text{Out}[1] = \frac{27}{28}$$

6.3.2 曲面积分

1. 对面积的曲面积分

设积分曲面 $\varSigma$ 由方程 $z = z(x, y)$ 给出，$\varSigma$ 在 xOy 面上的投影区域为 D_{xy}，函数 $z = z(x,$

$y)$在 D_{xy}上具有连续偏导数，被积函数 $f(x, y, z)$ 在 Σ 上连续. 则曲面积分 $\iint\limits_{\Sigma}f(x, y, z)\mathrm{d}S$ 的计算方法为：

$$f= f(x, y, z); z=z(x, y);$$

$$\int_{-\infty}^{\infty}\int_{-\infty}^{\infty}f\sqrt{1+(D[z, x])^2+(D[z, y])^2}\,\mathrm{Boole}[\mathrm{expr}]\mathrm{d}x\mathrm{d}y,$$

其中，expr 为区域 D_{xy}成立的条件. 如果积分曲面 Σ 由方程 $x=x(y, z)$或 $y=y(z, x)$给出，可类似地给出相应的计算方法.

例 6.3.6　计算 $\iint\limits_{\Sigma}(z+2x+\dfrac{4}{3}y)\mathrm{d}S$，其中 Σ 为平面 $\dfrac{x}{2}+\dfrac{y}{3}+\dfrac{z}{4}=1$ 在第一卦限中的部分.

解：$\mathrm{In}[1]:=\mathrm{f}=z+2x+\dfrac{4}{3}y; z=4-2x-\dfrac{4}{3}y;$

$$\int_0^{\infty}\int_0^{\infty}\mathrm{f}\sqrt{1+(D[z,x])^2+(D[z,y])^2}\,\mathrm{Boole}[x\le 2-\dfrac{2}{3}y\&\&y\le 3]\mathrm{d}x\mathrm{d}y$$

$\mathrm{Out}[1]=4\sqrt{61}$

2. 对坐标的曲面积分

设积分曲面 Σ 位于由方程 $z=z(x, y)$ 所给出的曲面上侧，Σ 在 xOy 面上的投影区域为 D，函数 $z=z(x, y)$ 在 D 上具有连续偏导数，被积函数 $R(x, y, z)$ 在 Σ 上连续. 则曲面积分 $\iint\limits_{\Sigma}f(x, y, z)\mathrm{d}x\mathrm{d}y$ 的计算方法为：

$$R= R(x, y, z); z=z(x, y);$$

$$\int_{-\infty}^{\infty}\int_{-\infty}^{\infty}R\,\mathrm{Boole}[\mathrm{expr}]\mathrm{d}x\mathrm{d}y$$

其中，expr 为区域 D 成立的条件，曲面积分是取在曲面 Σ 上侧的，否则值取其相反数. 如果积分曲面 Σ 由方程 $x=x(y, z)$或 $y=y(z, x)$给出，可类似地给出相应的计算方法.

令 $\mathbf{F}(x, y, z)=P(x, y, z)\mathbf{i}+Q(x, y, z)\mathbf{j}+R(x, y, z)\mathbf{k}$，有

$$\iint\limits_{\Sigma}P\mathrm{d}y\mathrm{d}z+Q\mathrm{d}z\mathrm{d}x+R\mathrm{d}x\mathrm{d}y$$

$$=\iint\limits_{\Sigma}F\mathrm{d}S=\iint\limits_{D}\left(-P\frac{\partial z}{\partial x}-Q\frac{\partial z}{\partial y}+R\right)\mathrm{d}A$$

例 6.3.7　计算对坐标的曲面积分：$\iint\limits_{\Sigma}x^2y^2z\mathrm{d}x\mathrm{d}y$，其中 Σ 位于球面 $x^2+y^2+z^2=R^2$ 的下半部的下侧.

解：$\mathrm{In}[1]:=\mathrm{f}=x^2y^2z; z=-\sqrt{R^2-x^2-y^2};$

$-\mathrm{Integrate}[\mathrm{fBoole}[x^2+y^2\le R^2],\{x,-\infty,\infty\},\{y,-\infty,\infty\},\mathrm{Assumptions}\rightarrow R>0]$

$\mathrm{Out}[2]=\dfrac{2\pi R^7}{105}$

例 6.3.8 计算曲面积分：$\iint\limits_{\Sigma}(z^2+x)\mathrm{d}y\mathrm{d}z-z\mathrm{d}x\mathrm{d}y$，其中 Σ 是旋转抛物面 $z=\dfrac{1}{2}(x^2+y^2)$ 介于平面 $z=0$ 及 $z=2$ 之间部分的下侧.

解：$\mathrm{In}[1]:=\mathrm{F}[\mathrm{x\_,y\_,z\_}]=\{z^2+x,0,-z\};\mathrm{A}[\mathrm{x\_,y\_,z\_}]=-\mathrm{D}[z-\dfrac{1}{2}(x^2+y^2),\{\{x,y,z\}\}];$

$$\mathrm{f}[\mathrm{x\_,y\_}]:=\dfrac{1}{2}(x^2+y^2);$$

$\mathrm{Integrate}[\mathrm{F}[x,y,f[x,y]].\mathrm{A}[x,y,f[x,y]]\mathrm{Boole}[x^2+y^2\le4],\{x,-\infty,\infty\},\{y,-\infty,\infty\}]$
$\mathrm{Out}[2]=8\pi$

习 题 6.3

1. 计算下列对弧长的曲线积分：

(1) $\oint\limits_{L}(x^2+y^2)^n\mathrm{d}s$，其中 L 为圆周 $x=a\cos t$，$y=a\sin t(0\le t\le2\pi)$；

(2) $\int\limits_{L}y^2\mathrm{d}s$，其中 L 为摆线的一拱 $x=a(t-\sin t)$，$y=a(1-\cos t)(0\le t\le2\pi)$；

(3) $\int\limits_{L}\sqrt{x^2+y^2}\mathrm{d}s$，其中 L 为 $x=4\cos t$，$y=4\sin t$，$z=3t(-2\pi\le t\le2\pi)$；

(4) $\int\limits_{L}(x+y+z)\mathrm{d}s$，其中 L 为沿 $(1,2,3)$ 到 $(0,-1,1)$ 的直线段；

(5) $\int\limits_{L}\dfrac{x+y+z}{x^2+y^2+z^2}\mathrm{d}s$，其中 L 为 $x=t$，$y=t$，$z=t(0<a\le t\le b)$.

2. 计算下列对坐标的曲线积分：

(1) $\int\limits_{L}y\mathrm{d}x+x\mathrm{d}y$，其中 L 为圆周 $x=R\cos t$，$y=R\sin t$ 上对应 t 从 0 到 $\dfrac{\pi}{2}$ 的一段弧；

(2) $\int\limits_{L}x^2\mathrm{d}x+z\mathrm{d}y-y\mathrm{d}z$，其中 L 为曲线 $x=k\theta$，$y=a\cos\theta$，$z=a\sin\theta$ 上对应 θ 从 0 到 π 的一段弧；

(3) $\int\limits_{L}\sin x\mathrm{d}x+\cos y\mathrm{d}y+xz\mathrm{d}z$，其中 L 为曲线 $x=t^3$，$y=-t^2$，$z=t$ 上对应 t 从 0 到 1 的一段弧.

3. 求力场 $F(x,y,z)=x\mathbf{i}-z\mathbf{j}+y\mathbf{k}$，沿 C
$$x=2t,\ y=3t,\ z=-t^2(-1\le t\le1)$$
移动质点所做的功.

4. 计算下列对面积的曲面积分：

(1) $\iint\limits_{\Sigma}(2xy-2x^2-x+z)\mathrm{d}S$，其中 Σ 为平面 $2x+2y+z=6$ 在第一卦限中的部分；

（2）$\iint\limits_{\Sigma} \mathrm{d}S$，其中 Σ 为抛物面 $z = 2 - x^2 - y^2$ 在 xOy 面上方的部分；

（3）$\iint\limits_{\Sigma} (x^2 + y^2) \mathrm{d}S$，其中 Σ 为抛物面 $z = 2 - x^2 - y^2$ 在 xOy 面上方的部分；

（4）$\iint\limits_{\Sigma} (x^2 + y^2) \mathrm{d}S$，其中 Σ 为锥面 $z = \sqrt{x^2 + y^2}$ 及平面 $z = 1$ 所围成的区域的整个边界曲面.

5. 计算：$\iint\limits_{\Sigma} \boldsymbol{F} \mathrm{d}\boldsymbol{S}$，其中 $\boldsymbol{F}(x, y, z) = y\mathbf{i} + x\mathbf{j} + z\mathbf{k}$，$\Sigma$ 是抛物面 $z = 1 - x^2 - y^2$ 和平面 $z = 0$ 包围的连续区域的边界.

6. $\oiint\limits_{\Sigma} xy\mathrm{d}y\mathrm{d}z + yz\mathrm{d}z\mathrm{d}x + xz\mathrm{d}x\mathrm{d}y$，其中 Σ 是平面 $x = 0$，$y = 0$，$z = 0$，$x + y + z = 1$ 围成的空间区域的整个边界曲面的外侧.

第7章 无穷级数

7.1 无穷级数

7.1.1 级数模型

例 7.1.1 正多边形逼近单位圆. 用软件 Mathematica 生成人机互动的对象(图 7-1).改变正多边形的边数, 观察图形及面积的变化, 随着边数的增加, 研究正多边形面积是如何接近单位圆的面积的.

解: 结果请扫图 7-1 右侧的二维码查看.

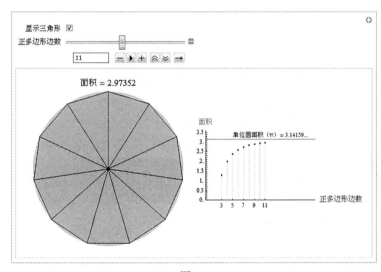

图 7-1

7.1.2 级数及其运算

1. 给出级数项的值列表

给出级数项的值列表, 命令的语法格式及意义:

Table[expr,{i,i_{max}}]　　　　　　　　产生 i 从 1 到 i_{max} 的一个 expr 的值的列表.

NumberLinePlot[{v_1,v_2,$\cdots$}]　　　　在数轴上标出数值 v_i.

DiscretePlot[expr,{n,n_{max}}]　　　　产生表达式 expr 的值的图形，其中 n 从 1 变化到

n_{max}.

例 7.1.2 写出下列级数前 9 项值的列表.

（1）$\sum\limits_{n=1}^{\infty} \dfrac{n}{n+1}$；　　　　　　　　（2）$\sum\limits_{n=1}^{\infty} \dfrac{1 \cdot 3 \cdots (2n-1)}{2 \cdot 4 \cdot \cdots \cdot 2n}$；

（3）$\sum\limits_{n=1}^{\infty} \cos\dfrac{n\pi}{6}$；　　　　　　　（4）$\sum\limits_{n=1}^{\infty} \dfrac{n!}{n^n}$.

解： In[1]：=Table[$\dfrac{n}{n+1}$,{n,1,9}]

　　　　　　Table[$\dfrac{(2n-1)!!}{(2n)!!}$,{n,1,9}]

　　　　　　Table[Cos[$\dfrac{n\pi}{6}$],{n,1,9}]

　　　　　　Table[$\dfrac{n!}{n^n}$,{n,1,9}]

Out[1]=$\{\dfrac{1}{2}, \dfrac{2}{3}, \dfrac{3}{4}, \dfrac{4}{5}, \dfrac{5}{6}, \dfrac{6}{7}, \dfrac{7}{8}, \dfrac{8}{9}, \dfrac{9}{10}\}$

Out[2]=$\{\dfrac{1}{2}, \dfrac{3}{8}, \dfrac{5}{16}, \dfrac{35}{128}, \dfrac{63}{256}, \dfrac{231}{1024}, \dfrac{429}{2048}, \dfrac{6435}{32768}, \dfrac{12155}{65536}\}$

Out[3]=$\{\dfrac{\sqrt{3}}{2}, \dfrac{1}{2}, 0, -\dfrac{1}{2}, -\dfrac{\sqrt{3}}{2}, -1, -\dfrac{\sqrt{3}}{2}, -\dfrac{1}{2}, 0\}$

Out[4]=$\{1, \dfrac{1}{2}, \dfrac{2}{9}, \dfrac{3}{32}, \dfrac{24}{625}, \dfrac{5}{324}, \dfrac{720}{117649}, \dfrac{315}{131072}, \dfrac{4480}{4782969}\}$

例 7.1.3 已知斐波那契（Fibonacci）数列 $\{a_n\}$：$a_1=1$，$a_2=1$，$a_n=a_{n-1}+a_{n-2}$，$n \geqslant$ 3. 写出斐波那契前 10 项值的列表，并绘制点列图形.

解： In[1]：=Table[Fibonacci[n],{n,1,9}]

NumberLinePlot[Table [Fibonacci [n], {n, 1, 9}], AxesStyle → Arrowheads [0. 05], Spacings→0]

DiscretePlot[Fibonacci[n],{n,0,9},AxesStyle→Arrowheads[0. 05]]

Out[1]=$\{1,1,2,3,5,8,13,21,34\}$

Out[2]=

图 7-2

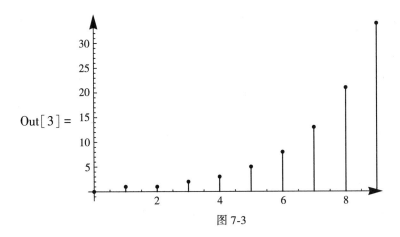

图 7-3

本例题绘图结果如图 7-3 所示.

2. 给定一组数据拟合通项式

给定一组数据拟合通项式，命令的语法格式及意义：

FindSequenceFunction[list,n]　　　给出数据 list 拟合的关于 n 的通项式

例 7.1.4　写出级数 $\dfrac{1}{2} + \dfrac{1}{6} + \dfrac{1}{12} + \dfrac{1}{20} + \cdots$ 的一般项.

解：$In[1]:=FindSequenceFunction\left[\left\{\dfrac{1}{2},\dfrac{1}{6},\dfrac{1}{12},\dfrac{1}{20}\right\},n\right]$

$$Out[1]=\dfrac{1}{n(1+n)}$$

3. 求和式的值

求和式的值命令的语法格式及意义：

$Sum[f,\{i,i_{max}\}]$　　　　　　求和式 $\displaystyle\sum_{i=1}^{i_{max}}f$ 的值

也可以用数学助手面板中的求和符号求和.

　　例 7.1.5　求下列无穷级数的和.

$(1)\ \dfrac{1}{1\times 2} + \dfrac{1}{2\times 3} + \cdots + \dfrac{1}{n(n+1)} + \cdots;$　　$(2)\ 1 + x + \dfrac{1}{2!}x^2 + \cdots + \dfrac{1}{n!}x^n + \cdots.$

解：$In[1]:=Sum\left[\dfrac{1}{n(n+1)},\{n,1,\infty\}\right]$

　　　　　$Sum\left[\dfrac{x^n}{n!},\{n,0,\infty\}\right]$

$Out[1]=1$

$Out[2]=e^x$

例 7.1.6 　计算 (1) $\displaystyle\sum_{i=1}^{n} i^2$; （2）$\displaystyle\sum_{i=1}^{n} i^3$.

解： $\text{In}[1]:=\displaystyle\sum_{i=1}^{n} i^2$

$\displaystyle\sum_{i=1}^{n} i^3$

$\text{Out}[1]=\dfrac{1}{6}n(1+n)(1+2n)$

$\text{Out}[2]=\dfrac{1}{4}n^2(1+n)^2$

说明： 求和命令能为我们方便地获得级数的部分和公式.

例 7.1.7 　求无穷级数 $5-\dfrac{10}{3}+\dfrac{20}{9}-\dfrac{40}{27}+\cdots+5\left(-\dfrac{2}{3}\right)^{n-1}+\cdots$ 的和，给出部分和值的列表，并绘制点列图形.

解： $\text{In}[1]:=\displaystyle\sum_{n=1}^{\infty} 5\left(-\dfrac{2}{3}\right)^{n-1}$

$\text{Table}\left[\displaystyle\sum_{n=1}^{m} 5\left(-\dfrac{2}{3}\right)^{n-1},\{m,10\}\right]$

$\text{ListPlot}\left[\text{Table}\left[\displaystyle\sum_{n=1}^{m} 5\left(-\dfrac{2}{3}\right)^{n-1},\{m,30\}\right]\right]$

$\text{Out}[1]=3$

$\text{Out}[2]=\left\{5,\dfrac{5}{3},\dfrac{35}{9},\dfrac{65}{27},\dfrac{275}{81},\dfrac{665}{243},\dfrac{2315}{729},\dfrac{6305}{2187},\dfrac{20195}{6561},\dfrac{58025}{19683}\right\}$

$\text{Out}[3]=$

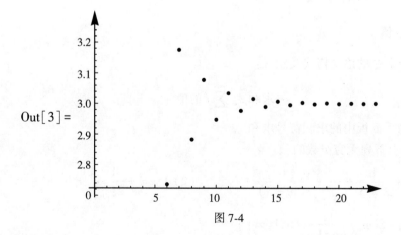

图 7-4

本例题的绘图结果如图 7-4 所示.

4. 级数的收敛条件

级数的收敛条件，命令的语法格式及意义：

SumConvergence[f,n]　　　给出和式 $\sum\limits_{n}^{\infty} f$ 收敛的条件.

例 7.1.8　判断下列和式的收敛性.

(1) $\sum\limits_{n=1}^{\infty} \dfrac{1}{n}$;　　　　　(2) $\sum\limits_{n=1}^{\infty} \dfrac{(-1)^n}{n}$;　　　　　(3) $\sum\limits_{n=1}^{\infty} \dfrac{1}{n^a}$.

解：In[1]:=SumConvergence[$\dfrac{1}{n}$,n]

　　　　　SumConvergence[$\dfrac{(-1)^n}{n}$,n]

　　　　　SumConvergence[$\dfrac{1}{n^a}$,n]

　　　Out[1]=False

　　　Out[2]=True

　　　Out[3]=Re[a]>1

　说明：Out[1]表明题(1)的级数发散；Out[2]表明题(2)的级数收敛；Out[3]表明题
(3)当实数 $a>1$ 时，级数收敛.

习 题 7.1

1. 写出下列级数前 10 项值的列表.

(1) $\sum\limits_{n=1}^{\infty} \dfrac{1+n}{1+n^2}$;　　　　　(2) $\sum\limits_{n=1}^{\infty} \dfrac{1+n}{1+n^2}$;

(3) $\sum\limits_{n=1}^{\infty} \dfrac{\cos n\pi}{5^n}$;　　　　　(4) $\sum\limits_{n=1}^{\infty} \left(1-\dfrac{1}{n}\right)^n$.

2. 写出下列级数的一般项.

(1) $2 + 7 + 12 + 17 + \cdots$;　　　　　(2) $\dfrac{1}{2\ln 2} + \dfrac{1}{3\ln 3} + \dfrac{1}{4\ln 4} + \cdots$;

(3) $\dfrac{2}{1} - \dfrac{3}{2} + \dfrac{4}{3} - \dfrac{5}{4} + \cdots$;　　　　　(4) $\dfrac{\sqrt{x}}{2} - \dfrac{x}{5} + \dfrac{x\sqrt{x}}{10} - \dfrac{x^2}{17} + \dfrac{x^2\sqrt{x}}{26} + \cdots$.

3. 求下列级数的和.

(1) $\sum\limits_{n=1}^{\infty} \dfrac{3}{(-7)^n}$;　　　　　(2) $\sum\limits_{n=1}^{\infty} \dfrac{1}{n^{1.6}} - \dfrac{1}{(n+1)^{1.6}}$;

(3) $\sum\limits_{n=1}^{\infty} \dfrac{(-1)^n}{n}$;　　　　　(4) $\sum\limits_{n=1}^{\infty} \dfrac{\sin nx}{2^n}$.

4. 判断下列级数的收敛性. 若收敛，求其和.

(1) $\sum\limits_{n=0}^{\infty} \left(\dfrac{1}{\sqrt{2}}\right)^n$;　　　　　(2) $\sum\limits_{n=1}^{\infty} \log\dfrac{1}{n}$;

$(3) \sum\limits_{n=0}^{\infty} \dfrac{\cos(n\pi)}{5^n};$ $\qquad$ $(4) \sum\limits_{n=0}^{\infty} \dfrac{1}{(n+1)(n+4)};$

$(5) \sum\limits_{n=0}^{\infty} \dfrac{n^4}{n!};$ $\qquad$ $(6) \sum\limits_{n=0}^{\infty} \dfrac{n^n}{n!}.$

5. 判断下列级数的收敛性，并绘制点列图形.

$(1) \sum\limits_{n=1}^{\infty} \dfrac{n^n}{(2n)!};$ $\qquad$ $(2) \sum\limits_{n=1}^{\infty} \dfrac{\sqrt{n+1}-\sqrt{n-1}}{n};$

$(3) \sum\limits_{n=1}^{\infty} n\tan\dfrac{\pi}{2^{n+1}};$ $\qquad$ $(4) \sum\limits_{n=1}^{\infty} \dfrac{(-1)^{-1+n}\sqrt{n}}{4+3n};$

$(5) \sum\limits_{n=0}^{\infty} \sqrt{1+n}\left(1-\cos\dfrac{\pi}{n}\right);$ $\qquad$ $(6) \sum\limits_{n=0}^{\infty} \dfrac{n!}{10^n}.$

7.2 幂级数与傅立叶级数

7.2.1 幂级数

1. 求幂级数的收敛域

可以用命令 SumConvergence 求幂级数的收敛域.

例 7.2.1 求幂级数 $\sum\limits_{n=0}^{\infty} \dfrac{x^n}{n+1}$ 的收敛域.

解：$In[1]:=SumConvergence\left[\dfrac{x^n}{n+1},n\right]$

$Out[1]=Abs[x]\leq 1 \&\& x\neq 1$

$In[2]:=Reduce[Abs[x]\leq 1 \&\& x\neq 1, Reals]$

$Out[2]=-1\leq x<1$

所以幂级数的收敛域为 $[-1, 1)$.

例 7.2.2 求幂级数 $\sum\limits_{n=0}^{\infty} \dfrac{(2n)!}{(n!)^2} x^{2n}$ 的收敛半径，并画出级数的图形.

解：$In[1]:=SumConvergence\left[\dfrac{(2n)!}{(n!)^2}x^{2n},n\right]$

$Out[1]=Abs[x]<\dfrac{1}{2}$

所以收敛半径 $R=\dfrac{1}{2}$.

$In[2]:=Plot\left[\sum\limits_{n=1}^{\infty} \dfrac{(2n)!}{(n!)^2}x^{2n},\left\{x,-\dfrac{1}{2},\dfrac{1}{2}\right\}\right]$

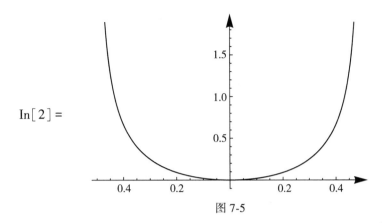

In[2] =

图 7-5

本例题的绘图结果如图 7-5 所示.

例 7.2.3 求幂级数 $\sum\limits_{n=0}^{\infty} \dfrac{x^n}{n+1}$ 的收敛域.

解: (1)求收敛半径

$$In[1]:=\text{SumConvergence}\Big[\frac{(-3)^n}{\sqrt{n+1}}x^n, n\Big]$$

$$Out[1]=\text{Abs}[x]<\frac{1}{3}$$

所以收敛半径 $R = \dfrac{1}{3}$.

(2)求收敛域

$$In[2]:=\text{SumConvergence}\Big[\frac{(-3)^n}{\sqrt{n+1}}\Big(-\frac{1}{3}\Big)^n, n\Big]$$

$$\text{SumConvergence}\Big[\frac{(-3)^n}{\sqrt{n+1}}\Big(\frac{1}{3}\Big)^n, n\Big]$$

$$Out[2]=\text{False}$$

$$Out[3]=\text{True}$$

由 Out[2]知, $x = -\dfrac{1}{3}$ 级数发散；由 Out[3]知, $x = \dfrac{1}{3}$ 级数收敛. 所以原级数的收敛域为

$\Big[-\dfrac{1}{3}, \dfrac{1}{3}\Big)$.

2. 函数展开成幂级数

函数展开成幂级数，命令的语法格式及意义：

Series[f,{x,x_0,n}]   生成 f 在点 $x=x_0$ 处的幂级数展开式，次数直到 $(x-x_0)^n$.

例 7.2.4 将 $f(x) = e^x$ 展开成 x 的幂级数，给出 5 次项系数.

解：$In[1]:=Series[e^x,\{x,0,6\}]$

$Out[1]=1+x+\dfrac{x^2}{2}+\dfrac{x^3}{6}+\dfrac{x^4}{24}+\dfrac{x^5}{120}+\dfrac{x^6}{720}+O[x]^7$

$In[2]:=Normal[1+x+\dfrac{x^2}{2}+\dfrac{x^3}{6}+\dfrac{x^4}{24}+\dfrac{x^5}{120}+\dfrac{x^6}{720}+O[x]^7]$

$Out[2]=1+x+\dfrac{x^2}{2}+\dfrac{x^3}{6}+\dfrac{x^4}{24}+\dfrac{x^5}{120}+\dfrac{x^6}{720}$

$In[3]:=SeriesCoefficient[\%1,5]$

$Out[3]=\dfrac{1}{120}$

说明：(1) $Out[1]$ 中 $O[x]^7$ 为余项；当 $n=6$，$x=1$ 时，可以算出 $e\approx2.71806$，其误差不超过万分之一；

(2) $Normal[expr]$ 表示将幂级数 $expr$ 的余项去掉转化成的多项式；

(3) $SeriesCoefficient[expr,n]$ 表示给出幂级数 $expr$ 的 n 次项系数.

例 7.2.5 将 $f(x)=\sin x$ 展开成 x 的幂级数，并给出 k 次项系数.

解：$In[1]:=Series[Sin[x],\{x,0,9\}]$

$Plot[Evaluate[Table[Normal[Series[Sin[x],\{x,0,n\}]],\{n,20\}]],\{x,0,2Pi\}]$

$Out[1]=x-\dfrac{x^3}{6}+\dfrac{x^5}{120}-\dfrac{x^7}{5040}+\dfrac{x^9}{362880}+O[x]^{10}$

$Out[2]=$
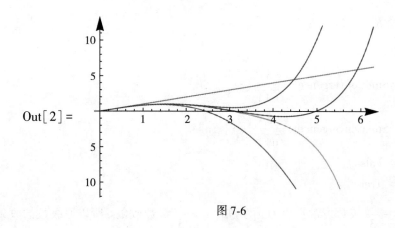

图 7-6

本例题的绘图结果如图 7-6 所示.

例 7.2.6 将任意函数 $y=f(x)$ 展开成关于 $x=a$ 的幂级数.

解：$In[1]:=Series[f[x],\{x,a,4\}]$

$Out[1]=f[a]+f'[a](x-a)+\dfrac{1}{2}f''[a](x-a)^2+\dfrac{1}{6}f^{(3)}[a](x-a)^3$

$+\dfrac{1}{24}f^{(4)}[a](x-a)^4+O[x-a]^5$

说明：抽象函数也可以展开成幂级数.

3. 幂级数简单运算

可以在用户窗口对幂级数进行四则运算、求导和积分.

例 7.2.7 生成函数 $\cos x$ 和 $\sin x$ 在点 $x=0$ 处的幂级数展开式 $f(x)$ 和 $g(x)$，次数直到 x^{10}；计算：（1）$f(x)+g(x)$；（2）$x \cdot [f(x)]^3$；（3）$\dfrac{f(x)}{g(x)}$；（4）$g'(x)$；（5）$\int f(x)\mathrm{d}x$.

解：$\mathrm{In}[1]:=\mathrm{f}=\mathrm{Series}[\mathrm{Cos}[\mathrm{x}],\{\mathrm{x},0,10\}]$
$\qquad\qquad \mathrm{g}=\mathrm{Series}[\mathrm{Sin}[\mathrm{x}],\{\mathrm{x},0,10\}]$

$$\mathrm{Out}[1]=1-\frac{\mathrm{x}^2}{2}+\frac{\mathrm{x}^4}{24}-\frac{\mathrm{x}^6}{720}+\frac{\mathrm{x}^8}{40320}-\frac{\mathrm{x}^{10}}{3628800}+\mathrm{O}[\mathrm{x}]^{11}$$

$$\mathrm{Out}[2]=\mathrm{x}-\frac{\mathrm{x}^3}{6}+\frac{\mathrm{x}^5}{120}-\frac{\mathrm{x}^7}{5040}+\frac{\mathrm{x}^9}{362880}+\mathrm{O}[\mathrm{x}]^{11}$$

（1）计算 $f(x)+g(x)$.

$\mathrm{In}[3]:=\mathrm{f}+\mathrm{g}$

$$\mathrm{Out}[3]=1+\mathrm{x}-\frac{\mathrm{x}^2}{2}-\frac{\mathrm{x}^3}{6}+\frac{\mathrm{x}^4}{24}+\frac{\mathrm{x}^5}{120}-\frac{\mathrm{x}^6}{720}-\frac{\mathrm{x}^7}{5040}+\frac{\mathrm{x}^8}{40320}+\frac{\mathrm{x}^9}{362880}-\frac{\mathrm{x}^{10}}{3628800}+\mathrm{O}[\mathrm{x}]^{11}$$

（2）计算 $x[f(x)]^3$.

$\mathrm{In}[4]:=\mathrm{x}\,\mathrm{f}^3$

$$\mathrm{Out}[4]=\mathrm{x}-\frac{3\,\mathrm{x}^3}{2}+\frac{7\,\mathrm{x}^5}{8}-\frac{61\,\mathrm{x}^7}{240}+\frac{547\,\mathrm{x}^9}{13440}-\frac{703\,\mathrm{x}^{11}}{172800}+\mathrm{O}[\mathrm{x}]^{12}$$

（3）计算 $\dfrac{f(x)}{g(x)}$.

$\mathrm{In}[5]:=\dfrac{\mathrm{f}}{\mathrm{g}}$

$$\mathrm{Out}[5]=\frac{1}{\mathrm{x}}-\frac{\mathrm{x}}{3}-\frac{\mathrm{x}^3}{45}-\frac{2\,\mathrm{x}^5}{945}-\frac{\mathrm{x}^7}{4725}+\mathrm{O}[\mathrm{x}]^9$$

（4）计算 $g'(x)$.

$\mathrm{In}[6]:=\mathrm{D}[\mathrm{g},\mathrm{x}]$

$$\mathrm{Out}[6]=1-\frac{\mathrm{x}^2}{2}+\frac{\mathrm{x}^4}{24}-\frac{\mathrm{x}^6}{720}+\frac{\mathrm{x}^8}{40320}+\mathrm{O}[\mathrm{x}]^{10}$$

（5）计算 $\int f(x)\mathrm{d}x$.

$\mathrm{In}[7]:=\int \mathrm{f}\,\mathrm{d}\mathrm{x}$

$$\mathrm{Out}[7]=\mathrm{x}-\frac{\mathrm{x}^3}{6}+\frac{\mathrm{x}^5}{120}-\frac{\mathrm{x}^7}{5040}+\frac{\mathrm{x}^9}{362880}-\frac{\mathrm{x}^{11}}{39916800}+\mathrm{O}[\mathrm{x}]^{12}$$

4. 幂级数的复合运算

幂级数的复合运算，命令的语法格式及意义：

ComposeSeries[series₁ , series₂ , ⋯]　　　复合多个幂级数.

例 7.2.8　已知 $f(x) = x + 2x^2 + O[x]^{12}$, $g(x) = 3x + O[x]^{10}$，求 $f(g(x))$ 和 $g(f(x))$.

解：In[1]：=ComposeSeries[x+2x^2+O[x]^12,3x+O[x]^10]

　　　　　　ComposeSeries[3x+O[x]^10,x+2x^2+O[x]^12]

　　Out[1] = 3x+18 x²+O[x]¹⁰

　　Out[2] = 3x+6 x²+O[x]¹⁰

例 7.2.9　已知 $f(x) = e^x$, $g(x) = \sin x$，计算 $f(g(x))$.

解：In[1]：=f1 = Series[eˣ,{ x,0,8 }]

　　　　　　f2 = Series[Sin[x],{ x,0,8 }]

　　　　　　ComposeSeries[f1 ,f2]

$$\text{Out[1] = } 1+x+\frac{x^2}{2}+\frac{x^3}{6}+\frac{x^4}{24}+\frac{x^5}{120}+\frac{x^6}{720}+\frac{x^7}{5040}+\frac{x^8}{40320}+O[x]^9$$

$$\text{Out[2] = } x-\frac{x^3}{6}+\frac{x^5}{120}-\frac{x^7}{5040}+O[x]^9$$

$$\text{Out[3] = } 1+x+\frac{x^2}{2}-\frac{x^4}{8}-\frac{x^5}{15}-\frac{x^6}{240}+\frac{x^7}{90}+\frac{31 x^8}{5760}+O[x]^9$$

5. 幂级数的反演

幂级数的反演，命令的语法格式及意义：

InverseSeries[s,x]　　给出级数 s 的反函数的级数，在反函数的级数中变量为 x. 第 2 参数可以省略，这时自变量的符号不变.

例 7.2.10　(1)求 $\sin x$ 反函数的级数；(2)将函数 $\arcsin x$ 展开成 x 的幂级数.

解：In[1]：=InverseSeries[Series[Sin[x],{ x,0,10 }]]

$$\text{Out[1] = } x+\frac{x^3}{6}+\frac{3 x^5}{40}+\frac{5 x^7}{112}+\frac{35 x^9}{1152}+O[x]^{11}$$

　　In[2]：=Series[ArcSin[x],{ x,0,10 }]

$$\text{Out[2] = } x+\frac{x^3}{6}+\frac{3 x^5}{40}+\frac{5 x^7}{112}+\frac{35 x^9}{1152}+O[x]^{11}$$

说明：比较 Out[1]和 Out[2]，结果相同.

6. 求解幂级数方程

求解幂级数方程，命令的语法格式及意义：

LogicalExpand[series₁ == series₂]　　　　　给出由幂级数中相应的系数相等得到的方程；

Solve[series₁ == series₂ ,{ a₁ , a₂ , ⋯ }]　　　　求解幂级数的系数.

例 7.2.11　用幂级数方法求解微分方程 $(y')^2 - y = x$.

解：In[1]：=y = 1+Sum[a[i]x^i,{ i,3 }]+O[x]^4

　　　　　　D[y,x]^2−y == x;

$$\text{LogicalExpand}[\%];$$
$$\text{Solve}[\%]$$
$$\text{Out}[1]=1+a[1]x+a[2]x^2+a[3]x^3+O[x]^4$$
$$\text{Out}[4]=\left\{\left\{a[3]\to-\frac{1}{12},a[1]\to1,a[2]\to\frac{1}{2}\right\},\{a[3]\to0,a[1]\to-1,a[2]\to0\}\right\}$$

7.2.2 傅立叶级数

1. 将函数展开成傅立叶级数

将函数展开成傅立叶级数, 命令的语法格式及意义:

FourierSeries[expr,x,n]   给出关于 x 在区间 $[-\pi, \pi]$ 的 expr 的 n 阶傅立叶级数展开式. 参数 FourierParameters 的典型设置是「 rierParameters->{a, b}; {a, b} 的一些默认选择是 {0, 1} (缺省); 对于函数在 $-l\leqslant x\leqslant l$ 的展开式要选择 $\left\{1,\dfrac{\pi}{l}\right\}$ 傅立叶级数.

例 7.2.12   将函数 $f(x)=|t|$ 展开成 2 阶傅立叶级数, 并在区间 $[-\pi, \pi]$ 上画出傅立叶叶级数及原函数的图形.

解: In[1]:=f=FourierSeries[Abs[t],t,2]
    ExpToTrig[f]
    Plot[{f,Abs[t]},{t,-π,π}]

$$\text{Out}[1]=-\frac{2e^{-it}}{\pi}-\frac{2e^{it}}{\pi}+\frac{\pi}{2}$$
$$\text{Out}[2]=\frac{\pi}{2}-\frac{4\text{Cos}[t]}{\pi}$$

Out[3]=
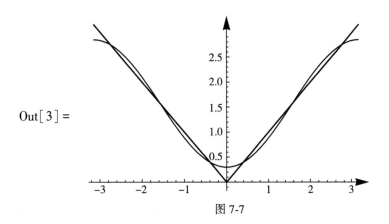

图 7-7

本例题的绘图结果如图 7-7 所示.

说明: Out[1]是展开式的复数形式, Out[2]是传统的形式.

例 7.2.13   将函数 $f(x)=\begin{cases}-1, & -\pi\leqslant x<0,\\1, & 0\leqslant x<\pi\end{cases}$ 展开成 2 阶傅立叶级数, 并在区间

[−π，π)上画出傅立叶级数及原函数的图形.

　　解：$In[1] := g = Sign[x]; f = FourierSeries[g, x, 7]$

　　　　　　$ExpToTrig[f]$

　　　　　　$Plot[\{f, g\}, \{x, -\pi, \pi\}]$

$$Out[1] = \frac{2ie^{-ix}}{\pi} - \frac{2ie^{ix}}{\pi} + \frac{2ie^{-3ix}}{3\pi} - \frac{2ie^{3ix}}{3\pi} + \frac{2ie^{-5ix}}{5\pi} - \frac{2ie^{5ix}}{5\pi} + \frac{2ie^{-7ix}}{7\pi} - \frac{2ie^{7ix}}{7\pi}$$

$$Out[2] = \frac{4Sin[x]}{\pi} + \frac{4Sin[3x]}{3\pi} + \frac{4Sin[5x]}{5\pi} + \frac{4Sin[7x]}{7\pi}$$

$Out[3] =$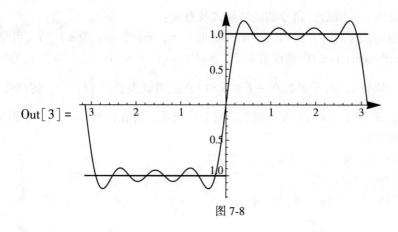

图 7-8

本例题的绘图结果如图 7-8 所示.

2. 将函数展开成正弦级数和余弦级数

将函数展开成正弦级数和余弦级数，命令的语法格式及意义：

FourierSinSeries[expr, t, n]　　　给出关于 x 在区间 $[0，\pi]$ 的 expr 的 n 阶傅立叶正弦级数展开式.

FourierCosSeries[expr, t, n]　　　给出关于 t 在区间 $[0，\pi]$ 的 expr 的 n 阶傅立叶余弦级数展开式.

对于函数在 $0 \le x \le l$ 的展开式要选择参数 $FourierParameters \rightarrow \left\{1，\dfrac{\pi}{l}\right\}$.

　　例 7.2.14　求出关于 t 的 5 阶傅立叶正弦级数.

　　解：$In[1] := FourierSinSeries[t, t, 5]$

$$Out[1] = -2\left(-Sin[t] + \frac{1}{2}Sin[2t] - \frac{1}{3}Sin[3t] + \frac{1}{4}Sin[4t] - \frac{1}{5}Sin[5t]\right)$$

　　　　$In[2] := Plot[\%, \{t, -3\pi, 3\pi\}]$

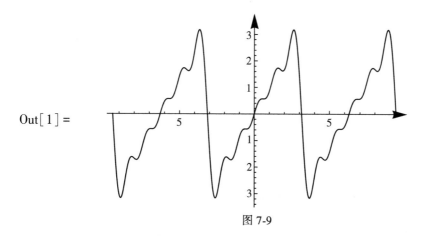

图 7-9

本例题的绘图结果如图 7-9 所示.

例 7.2.15 将函数 $f(x)=x+1(0 \leqslant x \leqslant \pi)$ 和 $f(x)=x^2(0 \leqslant x \leqslant 2)$ 展开成傅立叶级数，并在区间$[0, \pi]$上画出傅立叶级数及原函数的图形.

解：$\text{In}[1] := \text{fs} = \text{FourierSinSeries}[x+1,x,5]$

$\qquad \text{Plot}[\{\text{fs},\text{Piecewise}[\{\{x+1,x \geqslant 0\},\{-(-x+1),x<0\}\}]\},\{x,-\pi,\pi\}]$

$\text{Out}[1] = (2+\dfrac{4}{\pi})\text{Sin}[x]-\text{Sin}[2x]+\dfrac{2(2+\pi)\text{Sin}[3x]}{3\pi}-\dfrac{1}{2}\text{Sin}[4x]+\dfrac{2(2+\pi)\text{Sin}[5x]}{5\pi}$

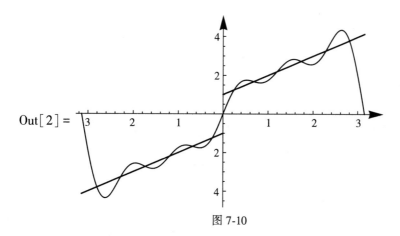

图 7-10

$\text{In}[3] := \text{fs} = \text{FourierSinSeries}[x^2, \ x, \ 5, \ \text{FourierParameters} \rightarrow \{1, \dfrac{\pi}{2}\}]$

$\text{Plot}[\{\text{fs}, \ \text{Piecewise}[\{\{x^2, \ x \geqslant 0\}, \ \{-x^2, \ x<0\}\}]\}, \ \{x, -\dfrac{\pi}{2}, \dfrac{\pi}{2}\}]$

$\text{Out}[3] = \dfrac{8(-4+\pi^2)\text{Sin}[\frac{\pi x}{2}]}{\pi^3}-\dfrac{4\text{Sin}[\pi x]}{\pi}+\dfrac{8(-4+9\pi^2)\text{Sin}[\frac{3\pi x}{2}]}{27\pi^3}-\dfrac{2\text{Sin}[2\pi x]}{\pi}+$

$$\frac{8(-4+25\,\pi^2)\mathrm{Sin}\left[\frac{5\pi x}{2}\right]}{125\,\pi^3}$$

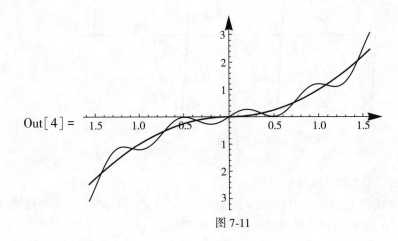

Out[4] =

图 7-11

本例题绘图结果如图 7-10、图 7-11 所示.

说明： $f(t)$ 的傅立叶正弦级数等价于 $\begin{cases} f(t), & t \geq 0, \\ -f(-t), & t < 0 \end{cases}$ 的傅立叶级数.

习 题 7.2

1. 求下列级数的收敛域，并绘制级数的图形.

(1) $\displaystyle\sum_{n=1}^{\infty} n\,x^n$;

(2) $\displaystyle\sum_{n=1}^{\infty} \frac{x^n}{n \cdot 3^n}$;

(3) $\displaystyle\sum_{n=1}^{\infty} \frac{(x-5)^n}{\sqrt{n}}$;

(4) $\displaystyle\sum_{n=0}^{\infty} (-1)^n x^{2n}$;

(5) $\displaystyle\sum_{n=1}^{\infty} \sqrt[n]{n}\,(2x+5)^n$;

(6) $\displaystyle\sum_{n=0}^{\infty} \frac{x^n}{n!}$.

2. 将下列函数展开成 x 的幂级数.

(1) $\mathrm{sh}x = \dfrac{\mathrm{e}^x - \mathrm{e}^{-x}}{2}$;

(2) $\ln(a+x)\,(a>0)$;

(3) a^x;

(4) $\sin^2 x$.

3. 将下列函数在指定的区间上展开成傅立叶级数，并画出傅立叶级数及原函数的图形.

(1) $f(x) = 1 - x$, $-\pi \leq x < \pi$;

(2) $f(x) = 3x^2 - 1$, $-\pi \leq x < \pi$;

(3) $f(x) = x|x|$, $-\pi \leq x < \pi$;

(4) $f(x) = 2\sin\dfrac{x}{3}$, $-\pi \leq x < \pi$;

(5) $f(x) = \begin{cases} \mathrm{e}^x, & -\pi \leq x < 0, \\ 1, & 0 \leq x \leq \pi; \end{cases}$

(6) $f(x) = \begin{cases} -x, & -2 \leq x < 0, \\ 2, & 0 \leq x \leq 2. \end{cases}$

附录　Mathematica 软件常用的操作命令

目　　录

一、基本操作

1. 启动与中断

命令格式	含　义
Shift+Enter	启动计算
小键盘上的"Enter"键	
点击数学助手面板上的"Enter"按钮	
"Alt+,"或者"Alt+."	强制中断计算

2.算术运算

命令格式	含　义
Plus（+）	加号,加上数、列表、数组或符号表达式
Subtract（−）	减号
Times（×）	乘号输入为一个空格、"＊"或"×"（ Esc ＊ Esc ）
Divide（/）	除号,输入为"÷"（ Esc div Esc ）
Power（^）	幂,用 Ctrl + ^ 输入上标
Sqrt（ $\sqrt{}$ ）	平方根,用 Ctrl + @ 输入 $\sqrt{}$

3.定义变量

命令格式	含　义
x = value	给 x 赋值
x = y = value	给 x 和 y 赋值
"x = ."或"Clear[x]"	清除 x 的值

4.自定义函数

命令格式	含　义
f[x_] : = body	定义一个函数 $f(x)$
f/ : lhs = rhs	将 lhs 赋给 rhs,将赋值和符号 f 相联系

命令格式	含　义
? f	显示 f 的定义
Clear[f]	清除所有 f 的定义
ClearAll[$symb_1$, $symb_2$, …]	清除与符号相关联的所有的值、定义、属性、信息或缺省值
Function[body]	或者 body&，是一个纯函数. 形式参数是#(或 #1)、#2 等

5.列表操作

命令格式	含　义
Range[i_{max}]	生成列表 $\{1, 2, …, i_{max}\}$
Table[expr, {i, i_{max}}]	产生 i 从 1 到 i_{max} 的 expr 值的列表
Array[f, n]	生成长度为 n，元素为 $f[i]$ 的列表
NestList[f, expr, n]	将 f 作用于 expr 上 0 到 n 次，给出结果列表
ListPlot[{y_1, y_2, …}]	绘制点 $\{1, y_1\}$, $\{2, y_2\}$, …
Map[f, expr] 或 f/@ expr	将 f 应用到 expr 中第一层的每个元素
a.b.c 或 Dot[a, b, c]	给出向量、矩阵和张量的乘积
Cross[a, b]	给出 **a** 和 **b** 的向量叉积（Esc cross Esc）
Norm[expr]	给出一个数字、向量或矩阵的模（范数）
VectorAngle[u, v]	给出向量 **u** 和 **v** 之间的角度
Normalize[v]	给出向量 **v** 的正规化格式
Projection[u, v]	求向量 **u** 在向量 **v** 上的投影
Grad[f, {x_1, …, x_n}]	给出梯度 $\left(\dfrac{\partial f}{\partial x_1}, \dfrac{\partial f}{\partial x_2}, …\right)$
EuclideanDistance[u, v]	给出向量 **u** 和 **v** 之间的欧几里得距离

二、数学函数

1. 数学常量

命令格式	含　义
Pi(π)	圆周率 $\pi \approx 3.14$（输入为 Esc p Esc）

续表

命令格式	含　义
E(e)	指数常数 $e \approx 2.718$（输入为 $\boxed{\text{Esc}}$ ee $\boxed{\text{Esc}}$）
Degree(°)	从弧度到度的转换因子（输入为 $\boxed{\text{Esc}}$ deg $\boxed{\text{Esc}}$）
I(i)	复数单位 $i = \sqrt{-1}$（输入为 $\boxed{\text{Esc}}$ ii $\boxed{\text{Esc}}$ "虚部 i"）
Infinity(∞)	无穷大 ∞
−Infinity(− ∞)	负无穷大 − ∞
Indeterminate	是一个表示大小不能确定的数值量的符号
GoldenRatio	黄金分割数 $\phi \approx 3.14$
EulerGamma	欧拉常数 $\gamma \approx 0.577$

2.数域

命令格式	含　义
Integers	整数域 **Z**
Rationals	有理数数域 **Q**
Reals	实数域 **R**
Complexes	复数域 **C**
Algebraics	代数数域 **A**
Primes	素数域 **P**
Booleans	布尔数域(True 和 False) **B**

3. 关系运算符和逻辑运算符

命令格式	含　义
Element(∈)	指定一个域的隶属关系（输入为 $\boxed{\text{Esc}}$ elem $\boxed{\text{Esc}}$）
NotElement(∉)	指定一个域内排除的成员（输入为 $\boxed{\text{Esc}}$! elem $\boxed{\text{Esc}}$）
ForAll(∨)	全称量词（输入为 $\boxed{\text{Esc}}$ fa $\boxed{\text{Esc}}$）
Exists (∃)	存在量词（输入为 $\boxed{\text{Esc}}$ ex $\boxed{\text{Esc}}$）
Interval[{min,max}]	从 min 到 max 的区间

命令格式	含　义
Interval $[\{$ min$_1$，max$_1\}$，$\{$ min$_2$，max$_2\}$，…$]$	从 min$_1$ 到 max$_1$、从 min$_2$ 到 max$_2$……区间的并
x==y	等于(也输入为 x==y)
x！=y	不等于(也输入为 x！=y)
x>y	大于
x>=y	大于等于(也输入为 x>=y)
x<y	小于
x<=y	小于等于(也输入为 x<=y)
x==y==z	全相等
x！=y！=z	互不相等(不同)
x>y>z 等	严格递减,等等
！p	非(也输入为 ¬ p)
p&&q&&…	与(也输入为 $p \wedge q \wedge$ …)
p‖q‖…	或(也输入为 $p \vee q \vee$ …)
Xor$[$p,q，…$]$	异或(也输入为 $p \veebar q \veebar$ …)(或 Esc xor Esc)
Nand$[$p,q，…$]$和 Nor$[$p,q，…$]$	与非和或非(也输入为 $\overline{\wedge}$ 和 $\overline{\vee}$)
If$[$p,then,else$]$	如果 p 为 True,给出 then,如果 p 为 False,给出 else
LogicalExpand$[$expr$]$	展开逻辑表达式

4. 一些数学函数

命令格式	含　义
N$[$expr,n$]$	尝试给出具有 n 位精度的结果
e^{x}或 Exp$[$x$]$	指数函数
Log$[$x$]$	自然对数 $\ln x$
Log$[$b,x$]$	以 b 为底的对数 $\log_b x$
Sin$[$x$]$，Cos$[$x$]$，Tan$[$x$]$	三角函数（自变量的单位是弧度）
ArcSin$[$x$]$，ArcCos$[$x$]$，ArcTan$[$x$]$	反三角函数
n！	阶乘(整数 1,2，…,n 的乘积)
Abs$[$x$]$	绝对值$|x|$

续表

命令格式	含　义
Round[x]	距 x 最近的整数
Mod[n,m]	n 模除 m(n 除以 m 的余数)
Max[x,y, …], Min[x,y, …]	x, y, …的最大值,最小值
FactorInteger[n]	n 的素数因子
PiecewiseExpand[expr]	分段函数
Nest[f,expr,n]	返回一个将 f 作用于 expr 上 n 次后得到的表达式
InverseFunction[f]	表示函数 f 的反函数

5.函数属性

命　令	含　义
FunctionDomain[f,x]	求变量为 x 的实函数 f 的最大定义域
FunctionDomain[{funs,cons},vars,dom]	求 funs 的定义域,其中 vars 的值被约束 cons 限定
FunctionRange[f,x,y]	求变量为 x 的实函数 f 的值域,结果以 y 的形式返回
FunctionRange{funs,cons}, xvars,yvars, dom	求映射 funs 的值域,其中 xvars 的值被约束 cons 限定
FunctionPeriod[f,x]	给出实数上的函数 f 的周期 p 以满足 $f(x+p)=f(x)$
FunctionPeriod[f,x,dom]	给出周期,其中 x 限制到定义域 dom

6. 最优化

命　令	含　义
MinValue, MaxValue, NMinValue, NMaxValue, FindMinValue, FindMaxValue	极限值和位置:最小、最大数值
Minimize, Maximize	符号的全局最优化
NMinimize, NMaximize	全局的非线性约束最优化
FindMinimum, FindMaximum	局部无约束或约束的最优化
ArgMin, ArgMax	最小、最大值的位置和数值
FindFit	最优化的非线性的无约束或约束的数据拟合

三、公式处理

命　　令	含　　义
Simplify	应用转换来化简一个表达式
FullSimplify	使用更广范围的化简转换
FunctionExpand	尽可能地根据基本函数展开
ComplexExpand	按复数实部虚部展开
Collect	相似项的集合
PowerExpand	展开所有的幂次形式
Together	通分求和
Apart	分解成为最小分母的部分分式
Cancel	约去分子、分母的公因式
Factor	因式分解
Expand	除分母外的因式展开
ExpandAll	全部因式展开,包括分母
Coefficient	多项式的系数
Exponent	表达式的最高指数
Numerator	表达式的分子
Denominator	表达式的分母
TrigExpand[expr]	将三角函数式展开成若干项的和
TrigFactor[expr]	将三角函数分解因式成若干项的积
TrigFactorList[expr]	给出各项及其指数的列表
TrigReduce[expr]	使用倍角化简三角函数式
TrigToExp[expr]	用指数函数表示三角函数
ExpToTrig[expr]	用三角函数表示指数函数

四、解方程

命令格式	含　　义
Solve[expr,vars]	求解以 vars 为变量的方程组或不等式组 expr
Solve[expr,vars,dom]	在定义域 dom 上求解. dom 的常用选择为 Reals、Integers 和 Complexes
x/.solution	使用替换规则得到 x 的值

续表

命令格式	含 义
expr/.solution	使用规则得到表达式的值
Eliminate[eqns,vars]	用来消掉一个联立方程组中的变量
SolveAlways[eqns,vars]	求对 vars 的所有值 eqns 都被满足的参数值
NSolve[expr,vars]	求以 vars 为变量的方程组或不等式组 expr 的解的数值近似
NSolve[expr,vars,Reals]	在实数域内求解
FindInstance[expr,vars]	求出满足 expr 为 True 的 vars 的一个解
FindInstance[expr,vars,dom]	求出 dom 定义域内的一个解
FindInstance[expr,vars,dom,n]	求出 n 个具体解
FindRoot[f,{x, x_0}]	搜索 f 的一个数值根,初始值是 $x=x_0$
Root[f,k]	表示多项式方程 $f(x)=0$ 的第 k 个根
Root[{f,x_0,n}]	表示方程 $f(x)=0$ 在 $x=x_0$ 附近的 n 个根
ToRadicals[expr]	尝试转换 Root 对象为显式根式
Reduce[expr,vars]	通过求解关于 vars 的方程和不等式以及消除量词来约化表达式 expr
Reduce[expr,vars,dom]	在域 dom 上的约化. dom 的选取通常是 Reals、Integers 和 Complexes
ToRules[eqns]	采用方程的逻辑组合,以 Roots 和 Reduce 产生的形式,并将它们转换为由 Solve 产生的形式的规则列表
RSolve[eqn,a[n],n]	求解递推方程 a[n]
DSolve[eqn,y,x]	用来求解独立变量为 x 的函数 y 的一个微分方程
DSolve[{eqn_1,eqn_2,$\cdots$},{y_1,y_2,$\cdots$},x]	用来求解一个微分方程组
DSolve[eqn,y,{x_1,x_2,$\cdots$}]	用来求解一个偏微分方程
NDSolve[eqns,y,{x,x_{min},x_{max}}]	求微分方程中函数 y 的数值解,其中自变量 x 的变化范围为从 x_{min} 到 x_{max}
NDSolve[eqns,{y_1,y_2,$\cdots$},{x,x_{min},x_{max}}]	求关于 y_i 的微分方程组的数值解
y[x]/.solution	对函数 y 使用规则列表来得到 $y[x]$ 的值
InterpolatingFunction[data][x]	计算插值函数在点 x 处的值
Plot[Evaluate[y[x]/.solution],{x,x_{min},x_{max}}]	画微分方程的解曲线

五、微积分

1. 求极限

命令格式	含　　义
Limit[expr,x→x₀]	求 x 趋于 x_0 时 expr 的极限
Limit[expr, x→x₀ ,Direction→1]	求 x 趋于 x_0 的左极限
Limit[expr,x→x₀ ,Direction→−1]	求 x 趋于 x_0 的右极限

说明：Limit 有三个选项：Analytic、Assumptions 和 Direction.

①Analytic 为函数解析性选项. 缺省设置假定普通函数是非解析的.

②Assumptions 用来设置参数的选项. 对不同的参数值, 极限可能不存在或不相同.

③Direction 左极限和右极限选项. 默认下使用 Direction->-1. 对于无穷大处的极限点, 方向由无穷大的方向确定.

2. 求导数

命令格式	含　　义
f′[x]	单变函数的一阶导数
f⁽ⁿ⁾[x]	单变函数的 n 阶导数
f⁽ⁿ¹,ⁿ²,···⁾[x₁ ,x₂ ,···]	多变量函数的导数, 其中关于变量 x_i 求 n_i 阶导数
D[f[x],x]	给出偏导数 $\partial f/\partial x$
D[f[x],{x,n}]	给出高阶偏导数 $\partial^n f/\partial x^n$
D[f,x,y,···]	给出 f 对应于 $x,y,\cdots$ 的偏导数
D[f,{x₁ ,n₁ },{x₂ ,n₂ },···]	给出 f 对应于 $x_1 ,x_2 ,\cdots$ 的 $n_1 ,n_2 ,\cdots$ 阶混合偏导数
Derivative[n₁ ,n₂ ,···][f]	是一般形式, 表示对 f 的第一个参数微分 n_1 次, 再对第二个参数微分 n_2 次, 如此依次进行后得到的函数
D[f,x,NonConstants→{ v₁ ,v₂ ,··· }]	v_i 依赖 x 情况下的 $\dfrac{\partial}{\partial x}f$
D[f,{ {x₁ ,x₂ ,···} }]	标量函数 f 的梯度 $\left(\dfrac{\partial f}{\partial x_1},\dfrac{\partial f}{\partial x_2},\cdots\right)$
D[f,{ {x₁ ,x₂ ,···},2 }]	f 的海塞(Hessian)矩阵
D[f,{ {x₁ ,x₂ ,···},n }]	第 n 阶泰勒级数系数

命令格式	含　义
$D[\{f_1,f_2,\cdots\},\{\{x_1,x_2,\cdots\}\}]$	向量函数 f 的雅可比(Jacobian)行列式
$D[f,\{array\}]$	给出张量的导数
$Dt[f]$	全微分 df
$Dt[f,x]$	全导数 $\dfrac{df}{dx}$
$Dt[f,x,y,\cdots]$	多重全导数 $\dfrac{d}{dx}\dfrac{d}{dy}\cdots f$
$Dt[f,x,\text{Constants}\text{->}\{c_1,c_2,\cdots\}]$	c_i 为常数的全导数

说明:①可以使用 $\partial_x f$ 输入 $D[f,x]$. 字符 ∂ 输入为 [Esc] pd [Esc]. 变量 x 被作为下标输入.

②所有不依赖于变量的量的偏导数为 0.

③可以使用 $\partial_{x,y}f$ 输入 $D[f,x,y]$.

3.求积分

命令格式	含　义
$\int f dx$ 或 $Integrate[f,x]$	计算不定积分 $\int f dx$
$\int_{x_{\min}}^{x_{\max}} f dx$ 或 $Integrate[f,\{x,x_{\min},x_{\max}\}]$	计算定积分 $\int_{x_{\min}}^{x_{\max}} f dx$
$NIntegrate[f,\{x,x_{\min},x_{\max}\}]$	$\int_{x_{\min}}^{x_{\max}} f dx$ 的数值近似解
$\int_{x_{\min}}^{x_{\max}} dx \int_{y_{\min}}^{y_{\max}} dy \cdots f$ 或 $Integrate[f,\{x,x_{\min},x_{\max}\},\{y,y_{\min},y_{\max}\},\cdots]$	给出多重积分 $\int_{x_{\min}}^{x_{\max}} dx \int_{y_{\min}}^{y_{\max}} dy \cdots f$
$NIntegrate[f,\{x,x_{\min},x_{\max}\},\{y,y_{\min},y_{\max}\}]$	重积分 $\int_{x_{\min}}^{x_{\max}} dx \int_{y_{\min}}^{y_{\max}} dy f$ 的数值近似值
$Integrate[f\ Boole[cond],\{x,x_{\min},x_{\max}\},\{y,y_{\min},y_{\max}\}]$	在 cond 为 True 的区域对 f 进行积分
$Integrate[f,\{x,y,\cdots\}\in reg]$	在几何区域 reg 上求积分

说明:对定积分有三个选项:Assumptions、GenerateConditions 和 PrincipalValue.

①Assumptions 缺省设置 $ Assumptions,关于参数的假设.

②GenerateConditions 缺省设置 Automatic,是否产生涉及参数条件的答案.

③PrincipalValue 缺省设置 False,是否求柯西主值.

4. 无穷级数

命令格式	含　义
FindSequenceFunction[list, n]	给出数据 list 拟合的关于 n 的通项式
Sum[f, {i, i_{min}, i_{max}}]	和式 $\sum\limits_{i=i_{min}}^{i_{max}} f$
Sum[f, {i, i_{min}, i_{max}, di}]	i 按步长 d_i 增加的和式
Sum[f, {i, i_{min}, i_{max}}, {j, j_{min}, j_{max}}]	累次和 $\sum\limits_{i=i_{min}}^{i_{max}} \sum\limits_{j}^{j_{max}} = j_{min} f$
NSum[f, {i, i_{min}, Infinity}]	$\sum\limits_{i_{min}}^{\infty} f$ 的数值近似解
Series[expr, {x, x_0, n}]	求 expr 在 $x=x_0$ 处最高到 $(x-x_0)^n$ 阶的幂级数展开式
Series[expr, {x, x_0, n_x}, {y, y_0, n_y}]	求先对 y 后对 x 的级数展开式
Normal[series]	截掉幂级数的余项,给出普通的表达式
ComposeSeries[$series_1$, $series_2$, $\cdots$]	复合幂级数
InverseSeries[series, x]	反演幂级数
SeriesCoefficient[series, n]	给出幂级数 n 次项的系数
LogicalExpand[$series_1$ == $series_2$]	给出由幂级数中相应的系数相等得到的方程
Solve[$series_1$ == $series_2$, {a_1, a_2, $\cdots$}]	求解幂级数的系数

六、图形绘制

1. 一、二维图形绘制

命令格式	含　义
NumberLinePlot[{v_1, v_2, $\cdots$}]	在数轴上标出数值 v_i
NumberLinePlot[pred, x]	绘制数轴来表明区域 pred
NumberLinePlot[pred, {x, x_{min}, x_{max}}]	将数值绘制在从 x_{min} 至 x_{max} 的区间上方
Plot[f, {x, x_{min}, x_{max}}]	绘制函数 f 的图线,其自变量 x 位于从 x_{min} 到 x_{max} 的区间上
Plot[{f_1, f_2, $\cdots$}, {x, x_{min}, x_{max}}]	绘制多个函数 f_i
Plot[f, {x, x_{min}, x_{max}}, option->value]	为选项赋值,画图

续表

命令格式	含　义
ContourPlot[f,{x,x_{min},x_{max}}, {y,y_{min},y_{max}}]	生成关于 x 和 y 的函数 f 的等高线图
ContourPlot[f==g,{x,x_{min},x_{max}}, {y,y_{min},y_{max}}]	绘制 $f=g$ 的等高线
ContourPlot[{f_1==g_1,f_2==g_2,$\cdots$}, {x,x_{min},x_{max}},{y,y_{min},y_{max}}]	绘制多个等高线
RegionPlot[pred,{x,x_{min},x_{max}}, {y,y_{min},y_{max}}]	画图来显示 pred 是 True 的区域
ListPlot[{y_1,y_2,$\cdots$}]	绘制值列表. 每个点的 x 坐标取为 1,2,$\cdots$
ListPlot[{{x_1,y_1},{x_2,y_2},$\cdots$}]	绘制有指定 x 和 y 坐标的值列表
ListPlot[{$list_1$,$list_2$,$\cdots$}]	绘制点的几个列表
DiscretePlot[expr,{n,n_{min},n_{max}}]	产生表达式 expr 的值的图形,其中 n 从 n_{min} 变化到 n_{max}
ParametricPlot[{f_x,f_y},{u,u_{min},u_{max}}]	产生一个 x 和 y 坐标的参数方程的图形,其中 f_x 和 f_y 作为 u 的函数产生
ParametricPlot[{{f_x,f_y},{g_x,g_y},$\cdots$}, {u,u_{min},u_{max}}]	绘制几个参数曲线
ParametricPlot[{f_x,f_y}, {u,u_{min},u_{max}},{v,v_{min},v_{max}}]	绘制一个参数区域
ParametricPlot[{{f_x,f_y},{g_x,g_y},$\cdots$}, {u,u_{min},u_{max}},{v,v_{min},v_{max}}]	绘制几个参数区域
PolarPlot[r,{θ,θ_{min},θ_{max}}]	产生一个半径为 r 的曲线极坐标图,作为角度 θ 的函数
DensityPlot[f,{x,x_{min},x_{max}}, {y,y_{min},y_{max}}]	用来绘制关于 x 和 y 的函数 f 的密度图形
VectorPlot[{v_x,v_y},{x,x_{min},x_{max}}, {y,y_{min},y_{max}}]	生成以 x 和 y 的函数表示的矢量场 {v_x,v_y} 的矢量图
StreamPlot[{v_x,v_y},{x,x_{min},x_{max}}, {y,y_{min},y_{max}}]	生成以 x 和 y 的函数表示的矢量场 {v_x,v_y} 的流线图
Graphics[primitives,options]	表示一个二维图形
Show[graphics,options]	按指定选项显示图形
Show[g_1,g_2,$\cdots$]	同时显示几个图形

2. 二维图形元素

名　　称	含　　义
Arrow$[\{\{x_1,y_1\},\cdots\}]$	箭头
BezierCurve$[\{pt_1,pt_2,\cdots\}]$	Bézier 曲线
BSplineCurve$[\{pt_1,pt_2,\cdots\}]$	B 样条曲线
Circle$[\{x,y\},r]$	圆
Disk$[\{x,y\},r]$	填充圆盘
FilledCurve$[\{seg_1,seg_2,\cdots\}]$	填充曲线
Inset$[obj,\cdots]$	插入对象
GraphicsComplex$[pts,prims]$	图形对象的复合体
GraphicsGroup$[\{g_1,g_2,\cdots\}]$	选择对象组
JoinedCurve$[\{seg_1,seg_2,\cdots\}]$	连接的曲线段
Line$[\{\{x_1,y_1\},\cdots\}]$	线
Locator$[\{x,y\}]$	动态定位器
Point$[\{x,y\}]$	点
Polygon$[\{\{x_1,y_1\},\cdots\}]$	多边形
Raster$[array]$	灰色或颜色方块的阵列
Rectangle$[\{x_{min},y_{min}\},\{x_{max},y_{max}\}]$	矩形
Text$[expr,\{x,y\}]$	文本

3. 图形指令

指令名称	含　　义
AbsoluteDashing$[\{w_1,\cdots\}]$	指定绝对虚线
AbsolutePointSize$[d]$	指定绝对点的尺寸
AbsoluteThickness$[w]$	指定绝对线宽
Arrowheads$[specs]$	指定箭头
CapForm$[type]$	线帽指定
CMYKColor$[c,m,y,k]$	指定颜色
Dashing$[\{w_1,\cdots\}]$	指定虚线
Directive$[g_1,g_2,\cdots]$	复合图形指令

续表

指令名称	含　义
EdgeForm[g]	指定绘制边
FaceForm[g]	指定绘制面
Glow[c]	指定发光色(三维)
GrayLevel[i]	灰度指定
Hue[h]	色调指定
JoinForm[type]	线连接指定
Opacity[a]	透明度指定
PointSize[d]	点尺寸指定
RGBColor[r,g,b]	颜色指定
Specularity[s]	表面反射指定(三维)
Texture[obj]	纹理指定
Thickness[w]	线宽指定

4. 图形选项

选项名称	缺省值	
AlignmentPoint	Center	在图形内对齐的缺省点
AspectRatio	Automatic	高与宽的比
Axes	FALSE	是否绘制轴
AxesLabel	None	坐标轴标签
AxesOrigin	Automatic	坐标轴原点
AxesStyle	{}	坐标轴样式指定
Background	None	绘图的背景色
BaselinePosition	Automatic	如何与环绕文本基线对齐
BaseStyle	{}	图形的基本样式指定
ContentSelectable	Automatic	是否允许进行内容选择
CoordinatesToolOptions	Automatic	坐标工具的详细行为
DisplayFunction	$ DisplayFunction	产生输出的函数
Epilog	{}	主图形之后执行的图形指令
FormatType	TraditionalForm	文本的缺省样式类型
Frame	FALSE	是否在图形周围放置边框

续表

选项名称	缺省值	
FrameLabel	None	边框标签
FrameStyle	{}	边框的样式指定
FrameTicks	Automatic	边框刻度
FrameTicksStyle	{}	边框刻度的样式指定
GridLines	None	绘制的网格线
GridLinesStyle	{}	网格线的样式指定
ImageMargins	0	图形周围的边幅
ImagePadding	All	为标签等额外填充内容
ImageSize	Automatic	图形的绝对尺寸
LabelStyle	{}	标签的样式指定
Method	Automatic	使用图形方式的细节
PlotLabel	None	图形的一个整体标签
PlotRange	All	图形值的范围
PlotRangeClipping	FALSE	是否在图形范围剪切
PlotRangePadding	Automatic	填充图形值范围的程度
PlotRegion	Automatic	填充的最后显示区域
PreserveImageOptions	Automatic	当显示相同图形的新版本时,是否保存图形选项
Prolog	{}	主图形之前执行的图形指令
RotateLabel	TRUE	是否在边框上旋转 y 标签
Ticks	Automatic	坐标轴标记
TicksStyle	{}	坐标轴标记的样式指定

5. 三维图形绘制

命令格式	含　义
Plot3D[f,{x,x_{min},x_{max}},{y,y_{min},y_{max}}]	产生函数 f 在 x 和 y 上的三维图形
Plot3D[{f_1,f_2,…},{x,x_{min},x_{max}},{y,y_{min},y_{max}}]	绘制几个函数
ContourPlot3D[f,{x,x_{min},x_{max}},{y,y_{min},y_{max}},{z,z_{min},z_{max}}]	生成关于 x,y 和 z 的函数 f 的三维等高图

续表

命令格式	含 义
ContourPlot3D$\left[\,f==g,\{x,x_{min},x_{max}\},\{y,y_{min},y_{max}\},\{z,z_{min},z_{max}\}\,\right]$	绘制 $f=g$ 的等值面
ParametricPlot3D$\left[\{f_x,f_y,f_z\},\{u,u_{min},u_{max}\}\right]$	产生参数 u 从 u_{min} 到 u_{max} 的三维空间曲线的参数化图形
ParametricPlot3D$\left[\{f_x,f_y,f_z\},\{u,u_{min},u_{max}\},\{v,v_{min},v_{max}\}\right]$	产生参数 u 和 v 的三维空间曲线的参数化图形
ParametricPlot3D$\left[\{\{f_x,f_y,f_z\},\{g_x,g_y,g_z\}\cdots\}\cdots\right]$	绘制几个对象
RegionPlot3D$\left[\,pred,\{x,x_{min},x_{max}\},\{y,y_{min},y_{max}\},\{z,z_{min},z_{max}\}\,\right]$	绘制一个满足 pred 是 True 的三维区域的图形
RevolutionPlot3D$\left[f_z,\{t,t_{min},t_{max}\}\right]$	高 f_z 和半径 t 生成旋转曲面图
RevolutionPlot3D$\left[f_z,\{t,t_{min},t_{max}\},\{\theta,\theta_{min},\theta_{max}\}\right]$	方位角 θ 在 θ_{min} 和 θ_{max} 之间变化
VectorPlot3D$\left[\{v_x,v_y,v_z\},\{x,x_{min},x_{max}\},\{y,y_{min},y_{max}\},\{z,z_{min},z_{max}\}\right]$	生成以 x,y 和 z 的函数表示的矢量场 $\{v_x,v_y,v_z\}$ 的矢量图
ListPlot3D$\left[\,array\,\right]$	产生一个表示高度值数组的三维曲面图
ListPointPlot3D$\left[\{\{x_1,y_1,z_1\},\{x_2,y_2,z_2\},\cdots\}\right]$	对坐标为 $\{x_i,y_i,z_i\}$ 的点产生一个三维散点图
Graphics3D$\left[\,primitives,options\,\right]$	表示一个三维图形

6. 三维图形元素

名 称	含 义
Arrow$\left[\{pt_1,pt_2\}\right]$	箭头
BezierCurve$\left[\{pt_1,pt_2,\cdots\}\right]$	Bézier 曲线
BSplineCurve$\left[\{pt_1,pt_2,\cdots\}\right]$	B 样条曲线
BSplineSurface$\left[\,array\,\right]$	B 样条曲面
Cone$\left[\{\{x_1,y_1,z_1\},\{x_2,y_2,z_2\}\},r\right]$	圆锥体
Cuboid$\left[\{x_{min},y_{min},z_{min}\},\cdots\right]$	立方体
Cylinder$\left[\{\{x_1,x_2,x_3\},\cdots\},\cdots\right]$	圆柱体
GraphicsComplex$\left[\,pts,prims\,\right]$	图形对象的复合体
GraphicsGroup$\left[\{g_1,g_2,\cdots\}\right]$	对象组
Line$\left[\{\{x_1,y_1,z_1\},\cdots\}\right]$	线

续表

名　　称	含　　义
Point[{x,y,z}]	点
Polygon[{ {x₁,y₁,z₁} ,…}]	多边形
Raster3D[array]	由灰色或者彩色单元组成的三维数组
Sphere[{x,y,z} ,…]	球体
Text[expr,{x,y,z}]	文本
Tube[{ {x₁,y₁,z₁} ,{x₂,y₂,z₂} ,…}]	管

7. 三维图形选项

选项名称	缺省值	
AxesEdge	Automatic	将坐标轴放置在图形边上
Boxed	TRUE	是否绘制边框
BoxRatios	Automatic	绑定的三维边框比例
BoxStyle	{}	指定边框的样式
ControllerLinking	Automatic	连接到外部旋转控制器的时间
ControllerMethod	Automatic	外部控制器的操作方式
ControllerPath	Automatic	尝试使用的外部控制器
FaceGrids	None	在边框上的网格线
FaceGridsStyle	{}	网格面的样式指定
Lighting	Automatic	模仿使用的光源
RotationAction	Fit	交互旋转后提交的方式
SphericalRegion	FALSE	是否将外切球体调整为适合最后显示区域
TouchscreenAutoZoom	FALSE	当在一个触摸屏上激活时,是否放大为全屏
ViewAngle	Automatic	视图的角度
ViewCenter	Automatic	在中心显示的点
ViewMatrix	Automatic	转换矩阵
ViewPoint	{1.3,−2.4,2}	观察的坐标
ViewRange	All	包含观察距离的范围
ViewVector	Automatic	相机的坐标和方向
ViewVertical	{0,0,1}	垂直的方向

参 考 文 献

［1］同济大学数学系. 高等数学［M］. 6 版. 北京：高等教育出版社，2011.

［2］Maurice Weir. 托马斯微积分［M］. 10 版. 叶其孝，王耀东，唐兢，译. 北京：高等教育出版社，2003.

［3］张韵华，王新茂. Mathematica 7 实用教程［M］. 合肥：中国科技大学出版社，2011.

［4］Stephen Wolfram. Wolfram 语言入门［M］. WOLFRAM 传媒汉化小组，译. 北京：科学出版社，2017.

［5］［美］克里夫·黑斯廷斯，开尔文·米斯裘，迈克尔·莫里森. MATHEMATICA 实用编程指南［M］. 2 版. WOLFRAM 传媒汉化小组，译. 北京：科学出版社，2018.